函数型数据综合评价原理、方法及其应用研究

孙利荣　著

浙江工商大学出版社

ZHEJIANG GONGSHANG UNIVERSITY PRESS

图书在版编目（CIP）数据

函数型数据综合评价原理、方法及其应用研究 / 孙利荣著 . — 杭州：浙江工商大学出版社，2018.8

ISBN 978-7-5178-2558-6

Ⅰ . ①函… Ⅱ . ①孙… Ⅲ . ①数理统计－研究 Ⅳ . ① O212

中国版本图书馆 CIP 数据核字 (2017) 第 321904 号

函数型数据综合评价原理、方法及其应用研究

孙利荣 著

责任编辑	吴岳婷
封面设计	林朦朦
责任印制	包建辉
出版发行	浙江工商大学出版社
	（杭州市教工路 198 号　邮政编码 310012）
	（E-mail：zjgsupress@163.com）
	（网址：http://www.zjgsupress.com）
	电话：0571-88904980，88831806（传真）
录　　排	五五三九七一五工作室
印　　刷	虎彩印艺股份有限公司
开　　本	710mm×1000mm　1/16
印　　张	9.5
字　　数	166 千
版 印 次	2018 年 8 月第 1 版　2018 年 8 月第 1 次印刷
书　　号	ISBN 978-7-5178-2558-6
定　　价	29.80 元

本书的写作和出版得到了以下项目的资助：

1. 国家社科基金

（动态综合评价方法的扩展研究，项目编号：14BTJ022）

2. 教育部人文社科基金

（具有函数特征的综合评价问题研究及应用，项目编号：13YJC910010)

3. 浙江省一流学科 A 类

（浙江工商大学统计学）

目　录

第一章 导 言

第一节 选题背景

综合评价问题广泛存在于社会、经济、管理等各个领域，其理论与方法的研究有着广阔的应用前景。我们知道，传统的统计分析中，通常处理的数据类型是时间序列数据（Time Series Data）、横截面数据（Cross-section Data）、或由时间序列数据和横截面数据相结合的数据，具有三维（个体、时间、指标）的数据结构被称为面板数据（Panel Data）或平行数据，在化学统计和生物统计领域又被称为纵向数据（Longitudinal Data），这些传统数据的特点是它们均是离散的有限"点值"数据。在传统的多指标综合评价中，评价指标的原始数据、指标权数、评价参数、评价结果等通常亦是以"点值"的形式表现的，从而与之对应的综合评价模型与方法也多是基于这种"点值"形式的统计数据进行设计的（王宗军，1998）。

但是随着现代信息技术的发展，人们获取和存储数据的能力得到了极大提高，使得现代的数据收集技术所收集的信息，不但包括传统统计方法所处理的数据，而且包括在许多科研领域涌现的大量形式各异的复杂类型的数据集。函数型数据（Functional Data）就是其中的一种复杂类型的数据。例如，某地区气象站的多年观测气温数据，股票市场关于股票的分时成交价数据，儿童身高、体重增长的多年记录数据，多个地区的月度地区生长总值数据，心理学研究中的脑电信号数据，生物技术中的微阵列（Microarray）数据，医学诊断中的功能磁共振图像（fMRI）数据，空间数据，义乌小商品景气指数的月度数据等。函数型数据（Functional Data）表现形式多种多样，可以是曲线、图像或其他形式的函数图形，等等。因此，综合评价的实践活动中，无论是评价指标原始数据，还是评价权数与参数，都不可避免地会以"函数"的形式呈现，甚至可以说，这种函数形式的数据表达形式更加符合综合评价的应用实际。理由如下：

一、动态原始数据的连续累积决定了动态原始数据表达方式的函数特性

在综合评价分析过程中经常会碰到这样一些数据，它们在每一个时间点上都存在取值，而且一旦取值的时间点变得十分密集时，这些数据点在数据空间中就会呈现出一种函数型特征。时间点取得越密集，数据的函数型特征就越明显。从每个研究对象个体的动态发展来看，将时间看作水平变量，则每个个体对应着一条曲线（可能不光滑），于是这些数据就成了函数型数据[①]。一切社会现象都处于不断变化和发展之中，在不同的时点上具有不同的特性，从而要求评价过程也具有动态化，进而函数化。

二、用函数型数据形式能更加有效地反映综合评价的合理性

综合评价结果的合理性是价值判断的认识过程。其评价结果的合理性是有条件的，是一个范围之内的"相对合理"。因此，对于一个综合评价体系而言，提供一段时间的综合评价结果比提供一个点值更有说服意义，更易被接受，亦更加公平。函数型数据便是定义在一段时间的数据形式。

三、函数型数据分析（FDA）较传统方法更具优势

相对于传统的数据分析方法，函数型数据分析（Functional Data Analysis，简称 FDA）依赖的假设条件较少，结构约束较弱；它利用平滑的曲线对原始数据进行修匀，在一定程度上能够消除观测误差；它不要求不同观测对象的数据观测点和观测次数相同，即可以处理不等时间间隔取样的问题，且不同观测对象的取样时间可以不必相同；函数型数据分析（FDA）针对函数的微分、积分等运算可以提供丰富的分析工具，探索函数之间的差异和函数内部动态变化模式；一旦将原始函数用特定的基函数（Basis Expansion）展开，则不同的基函数展开系数就捕捉了该函数的几乎所有信息，于是大多数情况下函数型数据分析（FDA）最终都能简化为直接针对基函数展开系数的分析，从而大大降低了运算难度。函数型数据分析（FDA）还包括了很多多元统计模型类似的方法，例如简单线性模型、方差分析、广义线性模型、广义效益模型、聚类分析、主成分分析、典型相关分析等，但是函数型数据分析

---

① 函数型数据可以是时间的函数，也可以是空间位置的函数，或更加复杂的形式。实际中，一般将函数型数据看成时间的函数。

（FDA）将动态点值转化为光滑曲线，能更好地揭示变量之间的内在关系；函数型数据分析（FDA）会通过自己特有的方法挖掘出更多的数据信息；函数型数据分析方法对某些非函数型数据仍然适用等（靳刘蕊，2008）。

鉴于以上几点理由，笔者认为基于函数型数据形式将综合评价方法进行扩展研究，不仅具有理论意义，也是综合评价实践的迫切需求。国内外虽然有不少关于函数型数据分析方法（FDA）在经济管理领域中的应用研究，但缺乏从综合评价全部要素的函数化角度展开的研究，也缺乏利用函数型数据的多元统计分析方法去探讨综合评价过程的实现。函数型数据是现代统计方法需要处理的复杂性数据中的一类，如何利用和挖掘这些数据中的信息，解决函数型数据的统计建模与分析，应该是数据形式与结构复杂化背景之下现代统计方法发展的重要方向之一。

第二节 本书的研究思路、研究内容、研究方案及结构安排

一、研究思路和研究内容

综合评价的主要过程可以用 $y = f(r, \omega)$ 来描述，y 表示综合评价结果，r 表示指标的量化结果（无量纲化等），ω 表示指标的权重。本书从综合评价的基本步骤——指标数据的预处理、权数求解、评价的集成、评价结果分析等四个方面分别进行研究，求出每个步骤在函数型数据形式下的具体表达方式。

本书提出的函数型数据下综合评价主要有如下几种情况：一种是评价的指标数据是函数型数据，但是权数是离散的（可能一段时间内权数都是不变的即"时期权"，可能是逐段时间变化的即"时点权"，此时权数与时间相关，但取值是有限个）；一种是指标数据是函数型数据，而且各指标权数是动态平衡的，是关于时间的函数，即此时权数也是函数型数据；还有一种就是指标数据和权数均是动态的离散取值形式，将研究对象进行连续的评价后，最终评价结果形成一个"序列"，该序列随着时间的积累具有函数性，从而形成函数型的评价结果。

（一）阐述函数型数据综合评价的数据结构及其预处理

表 1-1　多指标函数型数据表

指标 ＼ 区域	$\tilde{X}_1(t)$	$\tilde{X}_2(t)$	$\cdots$	$\tilde{X}_m(t)$
S_1	$x_{11}(t)$	$x_{12}(t)$	$\cdots$	$x_{1m}(t)$
S_2	$x_{21}(t)$	$x_{22}(t)$	$\cdots$	$x_{2m}(t)$
$\cdots$	$\cdots$	$\cdots$		$\cdots$
S_n	$x_{n1}(t)$	$x_{n2}(t)$	$\cdots$	$x_{nm}(t)$

由多指标函数型数据表（表 1-1）支持的综合评价问题，称为函数型数据综合评价，一般表现形式为：

$$y_i(t) = F(\omega_1(t), \omega_2(t), \cdots, \omega_n(t), \tilde{x}_{i1}(t), \tilde{x}_{i2}(t), \cdots, \tilde{x}_{in}(t)), t \in T$$

$y_i(t)$ 为第 i 个评价对象 s_i 在时间区间 T 内的综合评价函数，当 T 为离散点的集合时，即为动态综合评价；当 T 退化为一点时，即为静态综合评价。

综合评价的第一步就是对函数型数据表下的指标数据进行预处理，这里主要包括将离散的数据生成函数的形式，以及将生成的指标函数进行一致无量纲化处理。本书所涉及的函数型数据生成拟采用最小化残差平方和：

$$PENSSE_{\lambda m}^i = \sum_{j=1}^{J} \left[x_i(t_j) - \sum_{k=1}^{T_1} c_{ik}\phi_k(t_j) \right]^2 + \lambda \int \left[D\tilde{x}_i^{(m)}(t) \right]^2 \mathrm{d}t$$

其中 λ 为平滑参数，权衡估计的精度与平滑程度，λ 的取值由留一广义交叉验证（Leave One Out Cross-Validation LOO—CV）法则选择。

对于指标函数的无量纲化，这里主要是在动态时序数据的无量纲化方法的基础上进行扩展研究，具体包括基于标准序列法的扩展、基于全序列法的扩展、基于增量权法的扩展、基于标准化方法的扩展。并将上述四种方法在基函数形式下进行展开。

（二）针对综合评价的指标数据为离散状态时，对指标的权数进行详细的研究

在经济管理的问题研究中，空间变量是人们经常遇到的分组标志。如果研究的数据为截面数据，且数据是取自某一时点（或时期）的不同区域（或点，以下统称区域），例如不同的省份、市、县等，这时数据中通常包含区

域所处的位置特性。例如，在对某省各县的社会经济协调发展水平进行综合评价时，可先按地级市划分，这样不仅可以考察各县的综合协调水平，还可以考察各地级市的协调水平（苏为华，2008）。一般可形成多指标多区域立体数据表（表1-2）形式的综合评价问题。本书在该类评价问题中提出权数具有"空间性"（空间权数），并尝试将空间统计学的相关理论应用于空间权数的赋权中来。提出基于空间权重矩阵的赋权法和"区域差异重视度"的概念，将一般的指标赋权方法加入了区域差异因素，并提出相应的规划方法求解空间权数。

表1-2 多指标多区域立体数据表

评价对象 （系统）	指标 区域	$x_1, x_2, \cdots, x_m$
	区域 11	y_{11}
s_1	$\cdots$	$\cdots$
	区域 $1n_1$	y_{1n_1}
$\vdots$	$\vdots$	$\vdots$
	区域 $n1$	y_{n1}
s_n	$\cdots$	$\cdots$
	区域 n n_n	y_{nn_n}

人类活动是在时间和空间两个不同维度进行的，随着我国统计工作的不断深入，以时间和区域汇总的数据将大量出现。在多指标多区域立体数据表（表1-3）的基础上，提出权数具有"时空性"（时空权数）。在上述空间权数求解的基础上，将时间因素考虑进去，形成动态空间权重矩阵，进而提出时空权数的赋权方法。另外，将"时间度"纳入到空间权数求解体系，并提出相应的规划方法求解时空权数。

（三）针对综合评价的指标数据为函数时，研究指标权数的赋权方法及权函数的生成方法

评价中的权数确定方法有很多，其中"拉开档次法"是一种非常有效的客观的科学方法。郭亚军（1995）做了深入的研究，但是该方法只适合于传统的静态综合评价问题。对于动态综合评价，郭亚军（2002）又提出了"'纵横向'拉开档次法"进行赋权的方法。笔者在上述基础上，提出了一种适用于解决函数型数据综合评价的"'全局'拉开档次法"。使用 Matlab 软件，可得出各个指标函数在一段时期的权数。

表 1-3　多指标时序多区域立体数据表

评价对象（系统）	时间 区域　　指标	t_1 $x_1, x_2, \cdots, x_m$	t_2 $x_1, x_2, \cdots, x_m$	$\cdots$ $\cdots$	t_r $x_1, x_2, \cdots, x_m$
s_1	区域 11 $\cdots$	$y_{11}^{(1)}$ $\cdots$	$y_{11}^{(2)}$ $\cdots$	$\cdots$	$y_{11}^{(T)}$ $\cdots$
	区域 $1n_1$	$y_{1n_1}^{(1)}$	$y_{1n_1}^{(2)}$	$\cdots$	$y_{1n_1}^{(T)}$
$\vdots$	$\vdots$	$\vdots$	$\vdots$	$\vdots$	$\vdots$
s_n	区域 n1	$y_{n1}^{(1)}$	$y_{1n}^{(2)}$	$\cdots$	$y_{n1}^{(T)}$
	$\cdots$ 区域 nn_n	$y_{nn_n}^{(1)}$	$y_{nn_n}^{(2)}$	$\cdots$	$y_{nn_n}^{(T)}$

通过上述对于权数的研究，得出权数既可以随着时间的变化而变化，也可以随着区域的变化而变化，当这种变化随着时间或区域的积累具有函数型特性时，则权数可以看成是函数型数据（函数型数据可以是时间的函数，也可以是区域的函数，也可以是时间和区域的二元函数，所以指标离散状态时，讨论权数的"空间性""时空性"）。本书对于权函数的生成将给出具体的方法。一种思路是，将离散的权数取值函数化；另一种思路是，针对权数取值特点（介于 0，1 之间），（前面提到的函数型数据生成方法中，函数的取值没有限制）将其进行函数变换（logit 变换）后，通过求其 logit 函数的函数型数据生成，进而求出权函数的函数形式。

（四）函数型数据综合评价的集成方法

函数型数据综合评价集成的基本思路有两个：一是针对离散数据，讨论其集成过程后，得到评价结果，然后将评价结果函数化，即"离散数据"→评价集成→"函数"的路径；另一个思路是将函数型数据当成一个整体去讨论它的集成问题，这里面又包含两种情况，一种情况是指标数据为函数，但权数离散；另一种情况是指标数据和权重数据均是函数状态。两种情况的路径均为"函数"→评价集成→"函数"的路径。

第一种思路的评价过程和动态综合评价一致。为体现"时空性"对于评价系统的影响，提出 STOWA（或 STOWGA）算子—先时间后区域，和 TSOWA（或 TSOWGA）算子—先区域后时间。最后的主要着眼点是对综合评价结果的函数化分析。第二种思路，对常用的集成模型——线性模型、非线性模型和理想点法，考虑将三种方法基于函数型数据角度进行扩展研究。第三种思路，从多元统计分析方法的角度出发，直接将多元函数"压缩"成我们需要的评价函数。其中，第二种思路主要将传统的点值扩展为函数形式。对于第三种思路，这里主要讨论函数型多元统计方法在综合评价中的应用。

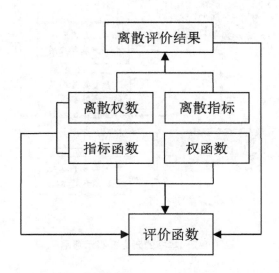

图 1-1　函数型数据综合评价的集成思路图

（五）综合评价结果（评价函数）的分析

提出评价函数的排序或分类方法，并将函数型主成分分析和聚类分析用于综合评价结果的排序或分类中。最后用实例的形式对综合评价结果进行函数型数据分析，说明函数型数据综合评价相对于传统的综合评价方法的优势。

二、研究方案

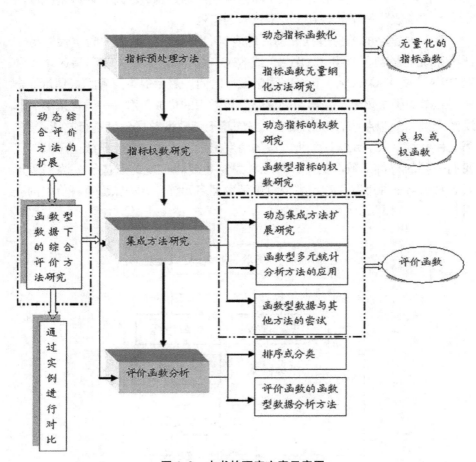

图 1-2　本书的研究方案示意图

三、结构安排

第一章，导论，主要介绍本书的选题背景、研究内容、研究思路、研究方案及本书的结构安排。

第二章，详细地叙述现代综合评价理论的发展情况。

第三章，提出函数型数据综合评价的定义，描述评价指标的函数型数据生成过程。对于本书涉及的指标数据基于函数型数据分析的角度提出了4种无量纲化方法：基于标准序列法的扩展、基于全序列法的扩展、基于增量权法的扩展、基于标准化方法的扩展。并将上述4种方法在基函数的形式下进行展开。最后由于实际中遇到的是离散数据，所以将数据进行标准化和函数化的先后顺序问题进行了讨论。

第四章，详细研究了函数型数据综合评价过程中，当指标数据为离散状态时，指标权数的赋权方法。首次提出权数具有"空间性"和"时空性"，并首次尝试将空间统计学的相关理论应用于空间权数的赋权中来。提出了基于空间权重矩阵的赋权法和"区域差异（重视）度"的概念，将区域差异因素纳入了一般的指标赋权方法之中，并提出了相应的规划方法求解反映"空间性"的权数，同时尝试提出一种模糊权重的方法应用于求解空间权数，进而将时间因素考虑进去，从动态空间权数矩阵出发，提出一种时空权数的赋权方法。另外，将"时间度"纳入空间权数求解体系，并提出了相应的规划方法，得出又一种求解空间权数的方法。

第五章，详细研究了在函数型数据综合评价问题中，当指标数据为连续状态，即函数型数据形式下的权数的获取。在"纵横向"拉开档次法的基础上提出一种基于函数型指标数据的"全局"拉开档次法。使用 Matlab 软件，利用内点算法，得出各个指标在一段时期的权数。通过前面的研究，对权数 $\omega(t)$ 进行了详细的分析，得出权数 $\omega(t)$ 可以看作一个随机过程。实际中我们把观测到的一个完整过程作为该随机过程的样本，称为样本函数。最后对于权函数的生成给出两种具体方法，尤其是新的生成方法，我们针对权函数取值特点，将其进行函数变换后，找出新函数（权函数的 Logit 函数）的函数生成方法，进而得出权函数的生成方法。

第六章，将函数型综合评价的集成方法分为离散状态下的动态综合评价集成方法和连续状态下的综合评价集成方法两种情况，并进行了详细研究。给出了空间集结算子的定义，通过探讨空间差异测度，提出了区域差异的诱导因子的概念，进而给出时空集结算子：TSOWA（或 TSOWGA）算子和 STOWA（或 STOWGA）算子的定义。对于综合评价问题中的三种常见集结方式：线性模型法、非线性模型法和理想点法，在函数的状态下给出扩展研究，提出函数状态下的集结方法。研究了多元函数型主成分分析，并提出了基于重要性加权的多元函数型主成分评价方法。最后提出评价函数的排序方法，并将函数型主成分分析用于综合评价结果的排序中。对综合评价结果的分析给出自己的一些看法，并以义乌小商品景气指数为例，对综合评价结果进行函数型数据分析。

第七章，总结与归纳本书的研究结论，并指出研究中存在的不足和有待于进一步研究的问题。

第二章　现代综合评价理论的发展

第一节　多指标（变量）综合评价的概念

运用多个指标（变量 $x_1, x_2, \cdots, x_m$）对多个参评单位（评价对象或系统 $s_1, s_2, \cdots, s_n$）进行评价的方法，称为多指标（变量）综合评价方法，或简称综合评价方法。其基本思想是将多个指标（变量 $x_1, x_2, \cdots, x_m$）转化为一个能够反映综合情况的指标（变量 y）来进行评价。综合评价的这种思想在实际生活中处处可见，比如在淘宝网上购买一件商品，通常要从若干卖家的产品价格（x_1）、产品质量（x_2）、产品规模（x_3）、卖家信誉水平（x_4）、产品流通速度（x_5）、买家评价（x_6）等六个方面进行综合比较；要判断哪个学校的声望高，就得从若干个高校的在校学生规模（x_1）、教学质量（x_2）、科研成果（x_3）、校址的地理位置（x_4）等四个方面进行综合比较。再如，比较不同国家经济实力，不同地区社会发展水平，小康生活水平达标进程，企业经济评价，等，都可以应用这种方法。可以说几乎任何综合性活动都可以进行综合评价。随着人们活动领域的不断扩大，人们所面临的评价对象（系统）日趋复杂，人们不能只考虑评价对象（系统）的某一方面，必须全面地从整体的角度考虑问题。

多指标（变量）综合评价方法是一种认识手段，一种定量认识客观实际的手段。它使我们能够从纷繁的现象中把握事物的整体水平。多指标（变量）综合评价方法是统计方法体系的一个重要分支，可广泛应用于各类社会经济现象的定量综合评价实践中去；多指标（变量）综合评价方法也是一种重要的定量管理工具，是决策科学的重要内容，与多目标决策技术之间存在着诸多联系。

第二节　多指标（变量）综合评价的基本问题

多指标（变量）综合评价构成的基本要素有评价对象（系统）、评价指标体系、评价专家（群体）及其偏好结构、评价原则（评价的侧重点和出发点）、评价模型、评价环境（实现评价过程的设施）。各基本要素有机组合构成了一个综合评价系统（Comprehensive Evaluation System）。一旦相应的综合评价系统确定之后，则该综合评价问题就完全成为按某种评价原则进行的"测定"或"度量"问题（王宗军，1998）。这种"评价原则"可以理解为一种评价方法，邱东（2003）曾指出多指标（变量）综合评价方法包含了不同学科的多种方法，它不仅是一个开放性的系统，也是一个发展中的系统。一方面，多指标（变量）综合评价方法是多学科交叉的，在进行系统分析时，它始终围绕着一个目的——化多个指标（变量）单方面评价为整体性评价。另一方面，多指标（变量）综合评价方法系统需要不断地将新的学科吸纳进来，不断充实、完善、更新该系统。

多指标（变量）综合评价的一般步骤：

首先是多指标（变量）综合评价的准备阶段。这里主要包括：

（1）确定评价目标和评价对象（系统）$s_1, s_2, \cdots, s_n$。

（2）选取评价指标 $x_1, x_2, \cdots, x_m$，每个指标都从某一个侧面反映评价对象（系统）$s_j, (j=1,2,\cdots,n)$ 的发展状况，故 $x_j = (x_{j1}, x_{j2}, \cdots, x_{jm})$ 为评价对象（系统）$s_j, (j=1,2,\cdots,n)$ 的状态向量，它构成了多指标（变量）综合评价系统的评价指标体系。

（3）评价指标的测度和预处理。这里包括定性指标定量化，以及评价指标的一致无量纲化（规范化），不失一般性，假定预处理后的指标为 $x_1, x_2, \cdots, x_m$。

其次是多指标（变量）综合评价的核心阶段，这里主要包括：

（1）确定每个指标 $x_1, x_2, \cdots, x_m$ 在评价体系中的权数 $\omega_1, \omega_2, \cdots, \omega_m$ 大小，$\omega_j \geq 0, \sum_{j=1}^{m} \omega_j = 1$，当评价对象（系统）在给定时刻的评价指标值确定后，权重系数的合理与否，直接影响着评价结果的合理性。

（2）综合评价集成模型的确定，多指标（变量）综合评价的主要目的是化多个指标（变量）单方面评价为整体性评价，如何将单项评价值合成总评价值，即选择科学合理的合成模型是多指标（变量）综合评价的一个非常重要的模型问题。假定多指标（变量）综合评价的集成模型用 $y_j = F(\omega; \tilde{x}_j)$ 表示，其中 $F(\cdot, \cdot)$，$\omega = (\omega_1, \omega_2, \cdots, \omega_m)^{\mathrm{T}}$，$x_j = (x_{j1}, x_{j2}, \cdots, x_{jm})$，$y_j$ 分别表示综合评价集成函数，各个评价指标（变量）所对应的权重系数，第 j 个评价对象（系统）的状态向量，第 j 个评价对象（系统）的评价结果。因为不同集成模型代表了不同的评价思想或评价原则，从而对综合评价结论会产生较大影响。

最后是体现多指标（变量）综合评价的基本作用——对综合评价结果的分析。这里主要是依据综合评价值对评价对象（系统）$s_j, (j=1,2,\cdots,n)$ 进行排序或分类，或依据评价目的赋予评价结果新的含义，进行统计分析。

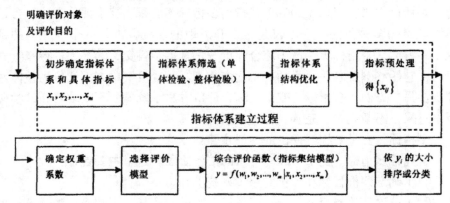

图 2-1　多指标（变量）综合评价的基本步骤图

第三节　现代综合评价理论的发展趋势[①]

多指标（变量）综合评价的多重属性，决定了这一统计方法受到各种相关学科发展的影响，使得综合评价方法得到了广泛的应用，渗透到了社会经济生活的各个领域。本文就现代综合评价理论的发展，从其方法、手段、应用及数据形式的变化等四个方面对其进行解剖、归纳并对其今后的发展思路进行探讨。

---

① 孙利荣：《现代综合评价理论的发展》，《中国统计》2009 年第 6 期，第 59-61页。

（一）综合评价方法日益复杂化、数理化

综合评价，是指通过一定的数学函数（综合评价函数）将多个评价指标值"合成"为一个整体性的综合评价值。可以用于合成的数学方法很多，我们要根据决策的需要和被评价系统的特点来选择合适的方法。综合评价方法也是一个系统，包含了不同科学中的多种方法。系统的组成是以"功能"为准则的，只要是能用于综合评价的方法都可以看作系统的成员。随着人们对评价理论、方法、应用展开的多方面、卓有成效的研究，各种出发点不同、解决问题的思路不同、适用对象不同的方法接踵而来。

随着科学的发展，不同知识领域出现相互融合和交叉的趋势，管理科学的发展正是如此。一方面，管理科学不断引入系统科学（系统论、信息论等）以及许多技术方法（计算机技术、工程技术等）的研究成果，以全新的视角和方法促进管理科学取得新的突破；另一方面，不同方法的综合和交叉也促进新方法和新思想的产生。综合评价的研究也是如此。

由于综合评价对象系统常常是社会、经济、科技、教育、环境和管理等一些复杂的系统，各种各具特色的综合评价方法取得了卓有成效的研究。

目前，常用的单一的评价方法大致可以分成以下几类：

（1）专家评价方法：如专家打分综合法；

（2）运筹学的方法：如AHP、DEA、模糊综合评判法；

（3）新型评价方法：如人工神经网络评价法、灰色综合评价法；

（4）工程经济学中的各种经济分析评价方法：如静现值法、内部收益率法、收益成本比法、价值工程分析法等；

（5）多属性决策方面：递阶综合评价法、协商评价法、具有激励（或惩罚）特征的动态综合评价法、基于小波网络的多属性综合评价法。

以上这些单一的综合评价方法，都有其适用对象。这些方法已广泛地应用到例如经济效益综合评价、成本效益决策、消费者偏好识别、证券投资分析等各个领域，且拥有广泛的应用前景。

对两种或两种以上的综合评价结果（或评价技术）进行集成的技术即为组合评价技术。组合评价不仅是权重的组合和最终评价值或相对名次的组合，它有广义和狭义之分（苏为华等，2007）。狭义的组合评价既包括同一评价范围（指标体系或子体系）不同方法之间的"平行组合"，也包括不同层次或不同子系统采取不同评价方法的"衔接组合"，甚至于将不同评价思想混合成为新的评价方法的综合，它既可以是全程型的，也可以是阶段型的。而广义的组合评价其指标体系可以是不同的。例如，模糊层次分析法 FAHP（张吉军，2006）。基于 AHP 与 DEA 结合的方法确定供应商评价准则的综合权重，AHP 法、专家洞察法与 ANN 方法结合的综合定权。AHP 与灰色综合评价法的集成等模糊综合评判与数据包括分析方法的集成等。日益复杂的方法不断涌现。总的来说，目前关于评价组合（集成）的问题还处于初探阶段。相关的研究成果总结如下：

（1）一般的综合评价方法与模糊综合评价方法的结合：如 ODM 与 FCE 结合、非线性规划方法与 FCE 方法结合、AHP 方法和 FCE 方法结合、模糊聚类方法、灰色层次决策方法等；

（2）一般评价方法与人工智能方法的组合（集成）：模糊人工神经网络评价方法、群决策支持系统的应用；

（3）评价方法考虑时间因素（方法动态化）；

（4）对评价对象的评价和对人的评价集成（评价要素集成化）；

（5）集成价值链绩效综合评价思想（价值链集成化）。

评价方法的数理化特点主要指多元统计的方法的使用，例如主成分分析、因子分析、聚类分析、判别分析等方法的渗入和使用，这些方法在环境质量、经济效益的综合评价以及工业主体结构的选择等方面均得到了应用。另外，综合评价关于统计学习理论方面的应用也是其数理化的一个表现。

（二）手段上，日益程序化智能化

智能是指人们认识事物、运用和创新知识解决问题的能力。它包括运用知识认识新事物、学习新方法、创造新思维、解决新问题等能力，智能水平主要表现在对事物认识的深度、广度以及运用知识解决问题的质量和速度。随着实际评价系统的日益大型化、数字化、智能化和集成化，研究系统评价问题已避不开它的复杂性，常规的系统评价方法已难以胜任复杂系统评价问题中涉及多层次多因子的综合评价。

单一的经济评价方法存在明显缺陷，过分地依赖运筹学所建立起来的数学决策模型容易使问题失真。常规的方法很难结合或利用专家和决策者在系统评价时所做的选择和判断过程中所蕴含的经验知识和智慧，很难利用系统评价过程中的思维规律和人脑的智能特征，很难进行定性分析与定量计算的综合集成。组合评价（评价方法的集成）也只能减少单一方法产生的偏差，实践中不太容易确定。不同评价方法的权重也只能简单地等权处理。钱学森（2001）提出，在解决复杂系统问题时，在难于或不适宜建立数学模型的场合，要综合利用人的知识经验和人工智能。模糊识别知识工程等方法建立知识模型，越过数学模型的障碍，直接将知识模型转化为计算机模型。目前，模型智能方法为解决系统评价新问题开辟可操作的新途径。

1. 遗传算法的智能技术

遗传算法（GA）是 21 世纪计算智能的关键技术之一，它把一族随机生成的可行性的编码作为父代群体，把适应度函数（目标函数或它的一种变换形式）作为父代个体适应环境能力的度量，经选择操作和杂交操作生成子代个体，后者再经变异操作，优胜劣汰，如此反复进行迭代，使个体的适应能力不断提高，优秀个体不断向优化问题的最优点逼近（金菊良、魏一鸣，2008）。GA 可视为介于确定性优化方法与完全随机型优化方法之间的一类新的优化方法（金菊良、魏一鸣，2008）。与许多常规优化方法相比，GA 是一类理性的稳健优化方法。对于一个系统评价模型的优点问题，我们只需选择或编制一种具体的 GA 实现方案，按待求问题的目标函数定义一个适应度函数，然后就可以用 GA 来求解，而无须知道实际问题的解空间是否连续、线性或可导；而且 GA 具有全局优化的能力。用基于 GA 的程序设计方法则可以自动寻找最优函数形式（评价对象函数，评价指标函数，指数测度函数，综合评价指标函数等）。

2. 模拟人脑结构的人工神经网络方法

ANN 结构和工作机理基本上是以人脑的组织结构（大脑神经元网络）和活动规律为背景的，它反映了人脑的某些基本特征，但并不是对人脑部分的真实再现，可以说它是某种抽象、简化或模仿。参照生物神经元网络发展起来的人工神经网络现已有多种类型。基于 BP 神经网络、Hopfield 神经网络、有组织竞争神经网络、概率神经网络等都在综合评价中有较高的应用。神经网络所要解决的问题，不需要预先编制出计算程序来计算，只需给它若干训练样本，它就可以通过自学来完成，并且有所创新，具有自适应和自组织能力，可以在外部环境中不断改变组织、完善自己，且具有很强的鲁棒性，较强的分类、模仿识别和知识表达能力，善于联想、类化和推理，它的这些优点，使得它能广泛地应用于综合评价中。

3. 模拟发散思维的蒙特卡罗方法

作为一类统计相似方法，蒙特卡罗方法是在计算机上进行的统计实验以模拟随机文件的发生概率的一类数值方法。它处理的一般步骤是：首先模拟 $[0，1]$ 区间上的均匀随机数序列 u_i，然后经过依据实际系统问题所建立的随机模型将之转换成所研究的随机变量序列化 x_i，最后直接依据 x_i 序列的统计特性，或根据把 x_i 序列作为评价统计的输入，经系统转换得到的大量系统输出序列，来解决各种复杂的系统评价问题。在复杂系统评价中存在许多随机型指标，许多评价指标影响系统评价目标的程度往往也具有随机性，在具体确定指标测度函数、综合评价指标函数等过程中都可以从随机变量的概率分布函数中获取，蒙特卡罗方法正是基于这一点。利用计算机产生的均匀随机数，在概率分布函数或近似概率分布函数中进行大量人工抽样，由大样本理论，当随机试验次数充分多时，$r.v$ 的频率实际上等价于 $r.v$ 的概率，这就是蒙特卡罗方法的理论依据。

4. 基于粗糙集理论的评价方法

粗糙集理论是波兰学者 Pawlak 1982 年提出的一种处理模糊性和不确定性的数学工具。利用粗糙集可以评定特定条件属性的重要性，建立属性的约简，从决策表中去除冗余属性，从约简的决策表中产生决策规则，并利用规则对新对象进行决策。其传统建模过程主要包括对数据的预处理，连续属性的离散化，数据约简，发现依赖关系，规则生成和分类识别等多种方法。其应用领域包括股票数据分析、专家系统、经济金融与工商领域的决策分析等，为处理不确定信息提供了有力的分析手段。

智能化评价方法的研究主要有：王宗军（1995）基于 BP 神经网络提出了一种综合评价方法，既能充分考虑专家经验和直觉思维，又能降低评价过程中人为不确定性因素的影响，具有较高的问题求解效率；陈海英等（2004）提出了基于神经网络的指标体系优化方法；杜栋（2005）系统地探讨了人工神经网络评价法；陈国宏（2005）提出了基于粗糙集和信息熵的组合评价方法；王富忠、沈祖志等（2007）将 AHP 和粗糙集相结合进行二阶段求解；陈洪涛等（2007）引入粗糙集属性约简规则，来消除指标体系中常见的冗余指标和关联指标。

总之，应用遗传算法、人工神经网络方法、蒙特卡罗方法、粗糙集等模拟智能方法在复杂系统评价问题中的应用是必要的、可行的。掌握和改进各种常规系统评价方法、探索新的系统评价理论、模拟及其方法论，以便选择正确的决策方案，将智能算法与其他评价方法相互融合，专业知识与计算技术密集交叉的前沿性研究将是进一步研究的方向。例如，MCE 是一个包括 AHP、Fuzzy 和 Gray 三种综合评价方法的软件包，已被广泛运用于现代综合评价的实践中。秦寿康（2003）提出，综合评价决策支持系统（IEDSS）由数据库管理系统和评价方法（模型库）管理系统组成；陈国宏（2007）建立了一个面向一般用户的通用计算机集成综合评价支持系统，这种系统具有良好的用户界面和可扩充性；郭亚军（2007）提出了一种 DMRCN 模式导向的综合评价决策支持系统设计思路并进行了开发，形成了一套具有集成、智能、通用特征的集成式智能化评价决策支持系统（IIEDSS），这一系统具备集成多种方法的框架结构，为进一步开发大型评价决策支持系统奠定了基础。但是通用的大型综合评价软件十分缺乏，因此有必要在软件的设计与开发上投入更多的精力，开发网络环境下集成式智能化的综合评价决策支持系统。

从综合评价方法实现的手段看，随着方法本身的难度越来越大，专业化、软件化程度越来越高，实现的工具包括传统的计算机程序语言、GPSS语言、SLAM语言和MATLAB语言等。

（三）综合评价应用范围更广，体系更庞大、宽泛

综合评价作为一种认知过程，体现的是人们按照一定标准对客体的评价所做出的判断。

从20世纪80年代的"功效系数法"开始，统计综合评价作为社会经济统计学的一个重要研究领域，被应用于各行各业的经济效益综合评价实践之中。多元统计评价方法、模糊综合评价方法等在内的多种方法均得到了广泛的应用。同时，有关综合评价的思想也被应用于诸如生活水平、环境质量、交通安全系统等领域的测评活动之中。

20世纪90年代，综合评价吸引了一大批系统工程、管理科学、决策学、运筹学等研究领域的专家学者，从而使得综合评价的应用呈现出前所未有的"多样化"。众多学者在理论层面对综合评价理论和方法进行了系统的研究和探索，出现了一大批有影响的专著，如陈挺的《决策分析》（1987），顾基发的《评价方法综述》（1990），邱东的《多指标综合评价的系统分析》（1991），陈晓剑、梁樑的《系统综合评价方法》（1993），郭亚军的《多属性综合评价》（1996），王宗军的《综合评价发展综述》（1998），彭勇行的《管理决策分析》（1998）等都对综合评价的基本理论问题进行了总结和归纳，对多指标综合评价技术做了详细的评述。21世纪，诸多学者对综合评价进行了系统性的研究，出版了一大批专著和成果。苏为华（2000）初步建立了综合评价理论与方法体系，对综合评价原理、指标理论、权数等问题进行了全面研究，提出了"效用函数综合评价模型"，对模糊数学在综合评价中的应用进行了系统研究，并著有《综合评价学》。还有郭亚军的《综合评价理论与方法》（2002），秦寿康的《综合评价原理与应用》（2003），郭亚军的《综合评价理论、方法及应用》（2007），陈国宏的《组合评价及其计算机集成系统研究》（2007），金菊良、魏一鸣的《复杂系统广义智能评价方法与应用》（2007），等。

在综合评价理论研究不断深化的同时，一大批应用层面的综合评价论著也相继问世。例如，关于国际竞争力统计模型及应用研究，中国制造业产业竞争力评价和分析，中国区域国际竞争的评价，经济增长方式评价，上市公司评价，中国小康社会及现代化的评价研究，大学综合评价的统计研究（庄赟，2008），等。这些应用表明综合评价应用的范围更加广泛，体系更加庞大宽泛，不再拘泥于单纯的"测评"，而是针对某一特定问题，有自己一整套相对完整的理论与方法体系，完全可以作为一门学科来研究。

综合评价技术应用领域越来越广，也越来越复杂。运用现代科学理论、方法和技术，研究我国社会经济、水土资源、生态环境等各复杂大系统的历史和当前运行状态，进行定性与定量相结合的动态分析与综合评价，预测未来发展趋势，提出协调对策和实施方案，建立动态监测和预警信息系统，显然具有重大的科学意义和广泛应用价值。

综合评价理论与方法的应用方面，例如：面向航天交通等巨系统的综合评价，企业绩效综合评价，非营利性组织绩效及评价研究，信用综合评价的理论与方法，科学技术的综合评价理论与方法，复杂系统的可靠性评价方法，危机/灾害影响的综合评价，转型时期的中国科技资源整合、配置及综合绩效评价，城市发展质量和水平的综合评价方法，公共政策的执行与绩效评价及公共服务供给方式的选择与评估，开发面向商业应用的大型评价决策支持系统，等。我们可以看到，随着综合评价理论的不断发展，其应用范围更广，体系更庞大、宽泛。

（四）综合评价存在问题及研究趋势

综合评价是由统计学科体系发展起来的一门定量认识客观实际的手段，定量的管理工具，随着科学的不断发展，不同领域知识的不断融合、交叉，现在已与多种学科相联系。随着决策学、系统工程、管理科学与工程等众多研究领域的专家们研究工作的开展，综合评价吸引了众多不同背景研究人员的加入，新的评价方法与评价思想层出不穷，日渐增多。可以说经过多年的发展，评价方法实现了多学科多领域的交叉和整合，例如：金菊良、魏一鸣等（2008）对复杂系统的广义智能评价方法与应用做了系统的阐述。郭亚军（2007）提出由时序立体数据表支持的综合评价问题，定义这类评价问题为动态综合评价问题。并将综合评价技术扩展到基于动态时序数据形式，从综合评价的各个环节进行了系统的研究，确定了动态综合评价的整体框架。陈骥（2010）对基于区间数的综合评价问题进行了系统的研究，基本确定了区间数评价的研究框架。李远远（2009）基于粗糙集进行指标体系构建及综合评价方法研究。严明义（2007）首次基于数据函数性特征的方法进行研究，但只是就函数型主成分的综合评价方法做了初步尝试，没有进行系统的研究。

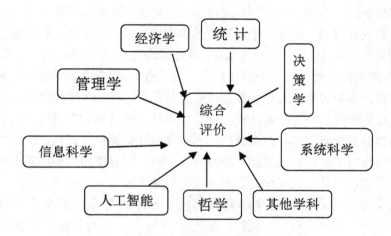

图 2-2 综合评价受多学科影响示意图

综合评价主要由指标体系的建立、指标权重的确定、评价方法的选择三个重要步骤组成。各种各样的研究都是围绕着这三个方面展开。设 $X = (\tilde{x}_1, \tilde{x}_2 \cdots, \tilde{x}_m)$ 为系统选取的 m 个指标，$Y = F(X)$ 为综合评价模型，$Y = (y_1, y_2 \cdots, y_n)$ 为评价结果。虽然综合评价的结果用数字表示，但其评价结果并不具有数学意义上的精确性，而只能大体反映被评价对象的特点，其评价结果的准确与否并不是绝对的，而只有借助必要的定性分析，才能解决其结果的合理性。因此虽然综合评价方法复杂化，手段多样化，应用广泛化，最终都需要结合定性分析进行合理分析。

基于综合评价科学性制约，苏为华、陈骥（2006）从三个方面探讨了综合评价基于区间数的形式进行扩展的原因。他们指出可以采用区间数对综合评价中的传统点值数据进行扩展，并将这种评价技术称为区间数评价。他们指出采用区间评价技术主要解决：区间指标的无量纲化问题，区间数运算的规则问题及与区间数相联系的两个辅助测度——区间可信度和区间精度之间的设计以及它们的平衡关系。杨淑霞等（2005）研究了区间数信息下的用电户信用评价问题。陈骥（2010）将综合评价的数据结构从点值情况扩展到区间数情形，初步形成基于区间数综合评价的理论研究框架。

综合评价的最基本目的，即"尽可能按照社会经济状况的实际水平来描述、刻画被评价对象的相对地位"。在传统的综合评价中，数据格式以点值的形式来表现，已经不能适应日益复杂的综合评价实践。例如，经济管理领域采集的函数型数据（Functional Data），它作为复杂数据结构的一种形式，是以连续平滑的曲线或函数的形式给出。在传统的数据分析中，这些数据被看成离散且有限的，或是单个观测值的顺序排列——时间序列数据或是多个观测对象的顺序排列——面板数据。Mundlak（1961）、Balestra 和 Nerlove（1966）把面板数据引入到经济计量中之后，近 20 年来许多学者研究分析了面板数据。面板数据具有缓解数据样本容量不足、控制个体行为差异、识别难以度量因素的影响等诸多优点。但是采用计量经济模型对时间序列数据或面板数据分析依赖很多的假设条件，有很强的结构约束。而且，传统的数据分析方法忽略了一些数据的部分函数特征，且一般要求数据的观测点和观测次数相同，而实际上收集到的数据很多时候并不满足这个条件。

现实生活中，人们越来越需要处理具有函数特征的数据（函数型数据 Functional Data，FD）。例如，某地区或多个地区的月度或年度国内生产总值和外贸交易数据、证券教育市场产生的多只股票的分时或日均成交价、收盘价等数据。加拿大统计学家 Ramsay（1982）首次提出函数型数据（Functional Data，FD）的概念以及函数型数据分析（Functional Data Analysis，FDA）的研究思路和方法框架。FD 的表现形式多种多样，可以是曲线、图像或其他形式的函数图形等等。目前国内外的研究主要是将时序数据看成一个完整的时间函数，表现为光滑曲线或连续函数。本书中的指标函数主要是时间的函数；权函数不仅可以看成时间的函数，还可以看成区域的函数，甚至是时间和区域的函数。

所谓多指标综合评价，概指对以多属性体系结构描述的对象系统做出全局性、整体性的评价，即建立多个评价指标，并确定与该指标体系相对应的权重系数，对有限的被评价对象（或系统）的运行状况进行排序或分类的问题。对于多指标综合评价问题，吸引了众多不同背景研究人员的参与，新的评价方法与评价思想层出不穷。然而，这些评价方法虽然有着自身显著的优点，但所处理的数据主要是横截面数据和时间序列数据。一切社会现象都处于不断地变化和发展之中，在不同的时点上应具有不同的特性，要求综合评价也能够处理函数型数据。因为实际操作中收集到的样本的离散观测值视为该函数带有噪声的离散实现。所以与横截面数据或时间序列数据相比，函数型数据能够提供更全面的信息。而且无论是时间序列数据还是面板数据（或纵向数据），都是重复测量数据（Repeated Measures Data）的特殊类型，这里重复测量数据是指对同一个研究对象在不同的时点上进行多次观察获得的观察数据[①]。基于函数的视角，那么重复测量数据也可以视为函数型数据的特殊类型，由此，函数型数据分析的优势相当明显，传统的"点值"数据都可以视为函数型数据在特殊点的取值！

　　本书的主要工作是在综合评价的数据结构从"点值"情况扩展到函数型数据视角下，我们称此种情况下的综合评价方法为函数型数据综合评价方法。本书将尝试从理论和应用两个方面来探讨函数型数据综合评价方法，从整体上对函数型数据综合评价思路进行研究，希望能为综合评价理论的发展尽一点微薄之力！

---

① 王静龙：《多元统计分析》，科学出版社 2008 年版，第 301 页。

第三章 函数型数据综合评价问题 及函数型指标的预处理

第一节 函数型数据

一、引言

随着现代信息技术的不断发展，人们获取和存储数据的能力得到了极大的提高，大量复杂类型的数据不断涌现。传统的统计数据分析通常处理的都是离散的有限数据，这些离散的数据点或是单个观测值顺序排列而成的数据——时间序列数据，或是多个样本的顺序观测值构成的数据集——面板数据（Panel Data 或 Longitudinal Data）。Mundlak（1961）、Balestra 和 Nerlove（1966）把面板数据引入到经济计量中之后，近 20 年来许多学者研究分析了面板数据。面板数据具有缓解数据样本容量不足、控制个体行为差异、识别难以度量因素的影响等诸多优点。但是采用计量经济模型对时间序列数据或面板数据分析依赖很多的假设条件，有很强的结构约束。而且，传统的数据分析方法忽略了一些数据的部分函数特征，且一般要求数据的观测点和观测次数相同，而实际上收集到的数据很多时候并不满足这个条件。

现实生活中，人们越来越需要处理具有函数特征的数据（函数型数据，Functional Data，FD）。例如某地区或多个地区的月度或年度国内生产总值和外贸交易数据、证券交易市场产生的多只股票的分时或日均成交价、收盘价等数据。加拿大统计学家 Ramsay（1982）首次提出函数型数据（Functional Data，FD）的概念以及函数型数据分析（Functional Data Analysis，FDA）的研究思路和方法框架。FD 的表现形式多种多样，可以是曲线、图像或其他形式的函数图形等等。目前国内外的研究主要将时序数据看成一个完整的时间函数，表现为光滑曲线或连续函数。本文中的指标函数主要是时间的函数；权函数不仅可以看成时间的函数，还可以看成区域的函数，甚至是时间和区域的函数。

所谓多指标综合评价，概指对以多属性体系结构描述的对象系统做出全局性、整体性的评价，即建立多个评价指标，并确定与该指标体系相对应的权重系数，对有限的被评价对象（或系统）的运行状况进行排序或分类的问题。对于多指标综合评价问题，吸引了众多不同背景研究人员的参与，新的评价方法与评价思想层出不穷。然而，这些评价方法虽然有着自身显著的优点，但所处理的数据主要是横截面数据和时间序列数据。一切社会现象都处于不断地变化和发展之中，在不同的时点上应具有不同的特性，要求综合评价也能够处理函数型数据。由于实际操作中收集到的样本的离散观测值视为该函数带有噪声的离散实现。所以与横截面数据或时间序列数据相比，函数型数据能够提供更全面的信息。

二、有关函数型数据的相关研究

函数型数据分析实际上非常盛行，这一点可以从 Ramsay 和 Silverman（1997，2005）及 Ferraty 和 Vieu（2006）近几年的专题研究中看出。然而，理论背景的研究大大超出了应用统计的考虑。虽然对于无限维变量工具的研究在 20 世纪初就开始了，但是函数型数据的统计模型和方法的发展只是在最近 20 年。显然，形成巨大鸿沟是因为很多年前，收集和测量无限维目标是很困难的。

近年来，随着技术的进步，很多科学领域记录着连续的数据（函数型数据）。函数型数据学科范围可能出现的地方，基本上涵盖了医药、经济、环境、生物、地理、化学等。统计界发展新的工具去处理函数型数据是一个真实的挑战。除了应用上的考虑，也有很多理论意义，其中主要问题是函数型数据是具有无限维空间的数学对象。

对于 FDA 的研究不论是理论还是应用的，主要可以归结为两个方面：（1）扩展多元统计分析方法在函数型数据中的应用；（2）在实践中应用随机过程的理论研究成果。与本文密切相关的方面是（1），故本文主要针对扩展多元统计分析方法在函数型数据中的应用方面进行分析讨论。具体为以下几个方面：

（一）函数型典型相关分析

函数型典型相关分析是一个病态问题，因此典型相关和权函数的存在需要一些假设。He et al.（2004）将成对可积的随机过程的典型相关分解也发展起来了。

令 I 为一个区间，$L_2(I)$ 为 Hilbert 空间，在 I 上关于 Lebesgue 测度 μ 具

有平方可积函数。其内积定义为：$f^T g = g^T f = \int_I f(s)g(s)d\mu(s)$。这个假定很容易扩展到可数指标集和不等间隔的情况。假定 $X, Y \in L_2(I)$ 为 L_2 过程的联合分布，且 $\int E\|Z\|^2 = E[Z^T Z] = E \int_I (Z(s))^2 ds < \infty$，对 $Z = X$, 或 $Z = Y$ 将典型相关问题由 p 维向量到随机过程，定义函数型典型相关如下：

第一典型相关系数 ρ_1 及相关的权函数 u_1, v_1 对于 L_2 过程的 X, Y 定义为：

$$\rho_1 = \sup_{u,v \in L_2(I)} Cov(u^T X, v^T Y) = Cov(u_1^T X, v_1^T Y) \tag{3-1}$$

这里 u, v 满足 $Var(u^T X) = 1$，$Var(v^T X) = 1$；

第 k 个典型相关系数 ρ_k 及相关的权函数 u_k, v_k 对于 L_2 过程的成对过程 $(X(t), Y(t))$ 定义当 $k > 1$ 有：

$$\rho_k = \sup_{u,v \in L_2(I)} Cov(u^T X, v^T Y) = Cov(u_k^T X, v_k^T Y) \tag{3-2}$$

这里 u, v 满足 $Var(u^T X) = 1$，$Var(v^T X) = 1$，$Cov(u^T X, u_i^T X) = Cov(v^T Y, v_i^T Y) = 0$。

因此，第 k 对典型变量 (U_k, V_k) 与 $k-1$ 对 $\{(U_i, V_i), i = 1, \cdots, k-1\}$ 不相关，这里 $U_k = u_k^T X, V_k = v_k^T Y$。

（二）函数型 PCA 定义

PCA 如何在函数背景下起作用？对应于变量值是函数值 $x_i(s)$，结果是多维背景的离散指标 j 被连续指标 s 取代。当我们考虑向量时，联合带有数据向量 x 的权向量 β 的恰当方式是计算内积：$\beta^T x = \sum_j \beta_j x_j$，这里 x 和 β 分别表示函数 $x(s)$ 和 $\beta(s)$，对 j 求总和被对 s 的积分所取代：

$$\int \beta x = \int \beta(x)x(s)ds \tag{3-3}$$

在 PCA 中，权数 β_j 变成函数 $\beta_j(s)$。对权 β 的 PCA 得分为：

$$f_i = \int \beta x_i = \int \beta(s)x_i(s)ds \tag{3-4}$$

对于余下的讨论，我们通常使用 $\int \beta x_i$ 代表积分。找权向量 $\xi_1(s) = (\xi_{11}(s), \cdots, \xi_{p1}(s))^T$，对于线性联合值 $f_{i1} = \sum_j \xi_{j1} x_{ij} = \xi_1^T x_i$ 中有最大可能的均方差 $N^{-1} \sum_i f_{i1}^2 = N^{-1} \sum_i (\int \xi_1 x_i)^2$，使得 $\|\xi_1\|^2 = \int \xi_1(s)^2 ds = \int \xi_1^2 = 1$。

因子分析起着发展函数型数据统计方法的先驱作用。可以追溯到 60 多年前。Dauxois（1982）提出了该方法的函数型主成分分析，成为后来函数型数据分析的发展基础。很多近期参考见 Ramsay、Silverman（2005），更多的历史细节可见 Ferraty（2003）。

Ferraty et al.（2007）考虑使用因子分析比较化学应用领域成群的函数型数据。Nerini 和 Ghattas（2007）提出使用函数型 PCA 应用在分类方法。岳敏、朱建平（2009），运用函数型主成分分析方法，对中国股市波动情况进行研究，准确捕捉到月度收益率的时间波动特征，特别是它在时间上的变化方向和形式，为股票收益率的建模和预测提供科学依据。

徐佳（2008）将 FPCA 应用于封闭式的基金折价率的描述性统计分析，并将函数型典型相关分析应用于研究折价率与开盘之间的联系。

（三）基于函数型数据的聚类问题

作为统计学的一个分支，聚类分析已经被研究了多年，并形成了系统的方法体系。在机器学习领域，聚类属于无监督学习。在模式识别领域，聚类是非监督模式识别的一个重要分支。所谓聚类（clustering），就是将一群物理的或抽象的对象，根据它们之间的相似程度，分为若干组，并使得同一个组内的数据对象具有较高的相似度，而不同组中的数据对象则是不相似的。

1. 函数型数据的相似性指标

确定聚类对象间的距离度量指标是任何聚类分析的首要问题，对函数型数据的聚类也不例外。对于给定的两个函数 $x(t), y(t)$，衡量其距离的常用指标有：

（1）差异的上确界 $D_{xy}^{(1)} = \sup\{|x(t) - y(t)|\}$ （3-5）

（2）一致差异 $D_{xy}^{(2)} = \int_0^T |x(t) - y(t)| \mathrm{d}t$ （3-6）

（3）欧氏距离 $D_{xy}^{(3)} = \int_0^T (x(t) - y(t))^2 \mathrm{d}t$ （3-7）

欧氏距离具有最优良的数学性质，因此成为衡量函数相似性的最常用指标。Marron 和 Tsybakov（1995）、Heckman 和 Zamar（2000）认为，欧氏距离仅仅衡量了曲线之间的位置差异，而没有捕捉到曲线之间的形态差异。为此，他们分别构造了基于形态的相似性指标和基于秩相关的相似性指标。然而这两种指标的计算都涉及大量数值积分，因此运算速度成了它们的瓶颈。殷瑞飞（2008）认为，欧氏距离在刻画曲线形态差异上的缺陷可以通过对函数事先进行标准化或者通过对函数特定阶导数进行聚类等方式来克服。基于欧氏距离优良的数学性质，选择它作为函数聚类主要的相似性度量指标。

利用基函数展开系数向量的距离代替原函数之间的 k 距离，将 $x(t), y(t)$ 两条曲线用相同的 K 维基函数 $\Phi(t)$ 展开，有：

$$
\begin{aligned}
D_{xy} &= \int (x(t) - y(t))^2 \mathrm{d}t \\
&= \int (x^{\mathrm{T}} \Phi(t) - y^{\mathrm{T}} \Phi(t))^2 \mathrm{d}t \\
&= \int ((x - y)^{\mathrm{T}} \Phi(t))^2 \mathrm{d}t \\
&= \int (x - y)^{\mathrm{T}} \Phi(t) \Phi(t)^{\mathrm{T}} (x - y) \mathrm{d}t \\
&= (x - y)^{\mathrm{T}} \int (\Phi(t) \Phi(t)^{\mathrm{T}}) \mathrm{d}t (x - y)
\end{aligned}
\tag{3-8}
$$

令 K 阶方阵 $W = \int (\Phi(t)\Phi(t)^{\mathrm{T}}) dt$，则有：

$$
D_{xy} = (x - y)^{\mathrm{T}} W (x - z)
\tag{3-9}
$$

当我们选择的基函数是标准正交基时，矩阵 W 就退化为单位矩阵。显然，这时函数之间的距离就变成了系数向量之间的欧氏距离。而当基函数非正交时，D_{xy} 能被理解为系数向量之间的欧氏距离。由于基函数的维数 K 一般不会很大，矩阵 W 中少量积分运算并不会带来运算速度上的麻烦。

于是，函数型数据的聚类问题就被转化成低维空间中基函数展开系数向量的聚类分析，具体而言包括两个主要步骤：（1）将原始序列利用某种基函数展开，得到一系列系数向量；（2）采用一定的聚类方法，依据加权或未加权的欧氏距离，对系数向量进行聚类。

2. 基于曲线形态差异的聚类方法

（1）关于导数聚类。函数型数据分析的一大优势就是能够通过对曲线求一阶或高阶导数，来进一步探索数据的个体（横截面）差异和动态变化规律。一阶导数往往表示变化率，例如股票收益率。因此对一阶导数进行聚类，不但能消除绝对高低值的影响，而且具有现实的意义。具体过程为：

① 在特定的时间点上对原函数求导（大部分情况下，这里具有解析解），得到新的代表一阶导数的时序数据；② 将一阶导数时序数据用基函数展开，得到基函数展开系数向量；③ 采用一定的聚类方法对系数向量进行聚类。曾玉珏、翁金钟（2007）提出了一种基于导数分析的函数型数据区间聚类分析方法，并利用中国中部六省的就业人口数据进行实证分析。

（2）对标准化函数聚类。为了消除绝对水平对聚类结果的影响，我们对原始函数进行标准化。具体而言，就是首先对原始函数进行标准化，使得各个函数在水平方向的均值为 0，标准差为 1；然后再对标准化的函数进行聚类。标准化的方法如下：

$$x_{stad}(t) = \frac{x(t) - \dfrac{1}{T}\displaystyle\int_0^T x(t)\mathrm{d}t}{\sqrt{\dfrac{1}{T}\displaystyle\int_0^T [x(t) - \dfrac{1}{T}\displaystyle\int_0^T x(t)dt]^2\,\mathrm{d}t}} \tag{3-10}$$

为了避免数值积分运算，将函数 $x(t)$ 用基函数展开，

$$x_{stad}(t) = \frac{x(t) - \dfrac{1}{T}x^\mathrm{T}u}{\sqrt{\dfrac{1}{T}\left(x^\mathrm{T}Wx - \dfrac{1}{T}x^\mathrm{T}uu^\mathrm{T}x\right)}} \tag{3-11}$$

这里 $u = \displaystyle\int_0^T \Phi(t)dt$。具体过程是：

①　在特定的时间点上计算标准化函数的取值，得到标准化的时序数据；②　将标准化的时序数据用基函数展开，得到基函数展开系数向量；③　采用一定的聚类方法对系数向量进行聚类。

（3）利用相似系数聚类。将 Pearson 相似系数指标引入函数之间的相似性度量：

$$\rho_{xy} = \frac{\displaystyle\int_0^T [x(t) - \dfrac{1}{T}\displaystyle\int_0^T x(t)\mathrm{d}t] \cdot [y(t) - \dfrac{1}{T}\displaystyle\int_0^T y(t)\mathrm{d}t]\mathrm{d}t}{\sqrt{\displaystyle\int_0^T [x(t) - \dfrac{1}{T}\displaystyle\int_0^T x(t)\mathrm{d}t]^2\,\mathrm{d}t \cdot \displaystyle\int_0^T [y(t) - \dfrac{1}{T}\displaystyle\int_0^T y(t)\mathrm{d}t]^2\,\mathrm{d}t}} \tag{3-12}$$

可以看出，Pearson 相似系数的计算过程本身已经包含了对曲线的标准化过程，消除了曲线绝对水平高低的影响，从而突出了曲线的形态特征。将 $x(t), y(t)$ 用基函数展开，类似的有：

$$\rho_{xy} = \frac{x^\mathrm{T}Wy - \dfrac{1}{T}x^\mathrm{T}uu^\mathrm{T}y}{\sqrt{(x^\mathrm{T}Wx - \dfrac{1}{T}x^\mathrm{T}uu^\mathrm{T}x) \cdot (y^\mathrm{T}Wy - \dfrac{1}{T}y^\mathrm{T}uu^\mathrm{T}y)}} \tag{3-13}$$

本书尝试将函数型多元统计方法应用于多指标综合评价中，主要基于函数型主成分分析的讨论和应用。

第二节 函数型数据综合评价的定义

一、函数型数据分析的一般过程

Ramsay、Dalzell（1991）指出，函数型数据分析（FDA）是对函数型数据收集的统计技术。与传统统计学的数据单元为数或向量相区别，FDA的数据单元为曲线或图像，本文主要讨论基于曲线形式的分析。很多多元统计方法可以直接应用到函数型数据的情形，但是函数型数据分析可以解释观测函数的更多信息。

FDA 的第一步是从函数型数据的光滑开始。因为实际中我们遇到的函数型数据是离散化的取样，所以假设基本模型形式为：

$$y_j = x(t_j) + \xi(t_j) , \tag{3-14}$$

j 为观测点的个数，$\xi(t)$ 为误差项。一般我们假设其满足经典的回归假设（独立同分布，均值为 0，方差为 σ^2）。

统计中可以使用很多光滑技术，这里我们选用 B 样条基函数作为代表（常见的基函数有傅立叶基、B 样条基、Bernstein 基、多项式基、指数基、Wavelet 基等）。令 $\{\varphi_k\}$ 为取自 Hilbert 空间 L^2 的一组基函数，则存在唯一一组系数向量 $c^T = (c_1, c_2, \cdots) \in l^2$，使得：

$$x(t) = \sum_{k=1}^{\infty} c_k \varphi_k(t) \tag{3-15}$$

这里 L^2 为二次可积函数空间，l^2 为与之对应的序列空间，$\{x(t), t \in T\}$ $i = 1, 2, \cdots, m$，为定义于 T 上的随机过程，于是观测曲线可以看作随机过程的一个实现。实际上，$x_i(t)$ 只看作是有限时间区间上的观测，故

$$x(t) = \sum_{k=1}^{K} c_k \varphi_k(t) \tag{3-16}$$

这里 $\{\varphi_k\}_{k=1}^{K}$ 为一组基函数，$\{c_k\}_{k=1}^{K}$ 为对应的一组系数，本书假定使用的基函数 φ_k 为 B 样条基函数，c_k 为与之对应的系数。常用的基函数还有多项式基、指数基、小波基等。不同指标下的函数型数据可以根据需要采用不同的基函数。我们假定所有指标的样本都使用相同的基函数，但是基的个数 K_i 可以不同。接下来的一步就是通过基函数展开去估计最近似的系数。估计时通常采用最小二乘法，即最小化如下的平方和：

$$\sum_{j=1}^{J}\left[x_i(t_j)-\sum_{k=1}^{K}c_{i,k}\varphi_k(t_j)\right]^2 = (x_i-\Phi c_i)^T(x_i-\Phi c_i) = \|x_i-\Phi c_i\|_{R^J}^2 \quad （3-17）$$

这里 $x_i^T = (x_i(t_1),\cdots,x_i(t_J))$，$c_i^T = (c_{i,1},\cdots,c_{i,K})$，$\Phi = \{\varphi_k(t_j)\}_{j,k=1}^{J,K}$，$j$ 为样本点的个数。

解最小化问题（3-17）得：

$$c_i = (\Phi^T\Phi)^{-1}\Phi^T x_i \qquad （3-18）$$

或采用最小化惩罚残差平方和（Penalized Residual Sum of Squares）：

$$\sum_{j=1}^{J}\left[x_i(t_j)-\sum_{k=1}^{K}c_{i,k}\varphi_k(t_j)\right]^2 + \lambda\int\left[Dx_i^m(t)\right]^2 dt \qquad （3-19）$$

其中，第二项为粗糙惩罚项（Roughness Penalty），用来衡量函数 $x_i(t)$ 的平滑程度；m 为导数的阶数，通常取 2 就可以满足一般问题的要求；λ 是平滑参数。在基函数的框架下，λ 为一个参数向量，其数值可通过留一交叉验证（Leave One out Cross-Validation，LOO-CV）法则选择：

$$CV(\lambda) = \frac{1}{N}\sum_{i=1}^{N}\left[\frac{y_i-\hat{y}_i}{1-S(\lambda)_{ii}}\right]^2 \qquad （3-20）$$

或留一广义交叉验证（Leave One Out Generalized Cross-Validation LOO-GCV）

$$GCV(\lambda) = \frac{n\, trace\left[Y^T(I-S_{\varphi,\lambda})^{-2}Y\right]}{\left[trace(I-S_{\varphi,\lambda})\right]^2} \qquad （3-21）$$

其中 $S_{\varphi,\lambda} = \varphi M(\lambda)^{-1}\varphi^T W$，$W$ 为用于处理残差项协方差矩阵的各种可能结构的加权矩阵，$M(\lambda)^{-1} = \varphi^T W\varphi + \lambda R$，$R = \int D^m\varphi(t)D^m\varphi(t)^T dt$ 为粗糙惩罚矩阵。

说明：光滑参数 λ 是用来测度函数 $x_i(t)$ 对数据的拟合精度（拟合偏差）与函数本身波动性（曲线样本方差）之间的平衡率的。$\lambda\to\infty$ 时，光滑拟合曲线 $x_i(t)$ 就演变为对数据的标准线性回归，此时 $\int\left[Dx_i^m(t)\right]^2 dt = 0$；另一方面，$\lambda\to 0$ 时，光滑拟合曲线 $x_i(t)$ 就演变为对数据的插值，对所有的 j 都满足 $x_i(t_j) = y_{ij}$。尽管此时是极限状态，但所有的插值曲线也不是随意波动，它是精确拟合所给数据曲线中最光滑的 m 阶可导函数。

二、函数型数据下综合评价的定义

设有 n 个被评价对象（或系统） $s_1, s_2, \cdots, s_n$， m 个评价指标 $\tilde{X}_1(t), \tilde{X}_2(t), \cdots, \tilde{X}_m(t)$，且在时间区间 $T = [t_1, t_J]$ 获得函数型数据 $\tilde{x}_{i1}(t), \tilde{x}_{i2}(t), \cdots, \tilde{x}_{im}(t)$， $i = 1, 2, \cdots, n$，它们均为时间 t 的函数。当我们对 n 个被评价对象（或系统）进行评价时，可形成如下数据表。

表 3-1　多指标函数型数据表 [①]

	$\tilde{X}_1(t)$	$\tilde{X}_2(t)$	$\cdots$	$\tilde{X}_m(t)$
s_1	$\tilde{x}_{11}(t)$	$\tilde{x}_{12}(t)$	$\cdots$	$\tilde{x}_{1m}(t)$
s_2	$\tilde{x}_{21}(t)$	$\tilde{x}_{22}(t)$	$\cdots$	$\tilde{x}_{2m}(t)$
$\cdots$	$\cdots$	$\cdots$	$\cdots$	$\cdots$
s_n	$\tilde{x}_{n1}(t)$	$\tilde{x}_{n2}(t)$	$\cdots$	$\tilde{x}_{nm}(t)$

定义 3-1：由多指标函数型数据表支持的综合评价问题，称为函数型数据综合评价 [②]，一般表现形式为：

$$y_i(t) = F(\omega_1(t), \omega_2(t), \cdots, \omega_n(t); \tilde{x}_{i1}(t), \tilde{x}_{i2}(t), \cdots, \tilde{x}_{in}(t)), t \in T \qquad （3-22）$$

这里 $y_i(t)$ 为 s_i 在时间区间 T 内的综合评价函数，当 T 为离散点的集时，即为动态综合评价；当 T 退化为一点时，即为静态综合评价。实际问题中，权数的获得及评级集成函数的选择都是主要研究问题，本书将在后面的章节致力于讨论这些问题。

关于函数型数据综合评价可以这样理解：一种是评价的指标数据是函数型数据，但是权数为离散取值（可能一段时间内权数都是不变的即"时期权"，可能是逐段时间变化即"时点权"，此时权数与时间相关，但取值有限

---

① 传统的多指标综合评价表中，每个评价对象（系统）的每个指标取值为点值，本文中的每个指标均为函数形式。

② 函数型数据综合评价与传统的综合评价的定义，主要区别是：指标由点值变为函数，权数也由点值扩展为函数形式，特别这种函数在一段时间内，可能是连续变化的函数，也可能是逐段变化的，也可能是不变的。

个）；一种是指标数据为函数型数据，且各指标权数是动态平衡的，是关于时间的函数即此时权数也是函数型数据；还有一种就是指标数据，权数均是离散的动态形式，将研究对象进行连续的评价后，最后评价结果形成一个"序列"。该序列随着时间的积累具有函数性，形成函数型的评价结果。本书大概按照上述思路，从综合评价的基本步骤出发逐步进行研究。

第三节　函数型指标的无量纲化方法

一、指标无量纲化综述

进行多指标综合评价时，不同指标具有不同含义、不同信息含量、不同计量单位、不同数量级别，因此只有将这些指标统一成同一种尺度——相同的计量单位、相同的数量级别、相同的评价信息含义，才能够进行比较。因此，需要将每一个评价指标按照一定的方法量化，变成对评价问题测量的一个"无量纲化值"（这里的"无量纲化"亦称为"同度量化""当量化"等）。这种去掉指标量纲将其规范化的过程称为数据的无量纲化，实现这种过程的方法就是无量纲化方法。从数学的角度讲，无量纲化方法即是依赖于实际值的函数关系式，确定一种"无量纲化值"，这种函数称为无量纲化函数（又称效用函数）。用数学语言描述为：

对于某一有 m 个指标构成的评价体系，将之记为 $x_1, x_2, \cdots, x_m$，则可以通过无量纲化函数 $y_i = f_i(x_i)$（ $i = 1, 2, \cdots, m$ ）将每一项指标实际值转化为无量纲化值 $y_1, y_2, \cdots, y_m$。

对于无量纲化函数，按照指标性质分为定性与定量两类，按照形态分为线性与非线性两类，按照方向分为递增型、递减型、常数型与混合型四类；按照时间，分为静态与动态两类。当然，各种分类往往出现交叉混合使用的情况。

对于定性指标，指标值常具有模糊和非定量化的特点，很难用精确数字来表示，故能采用模糊数学的方法对模糊信息进行量化处理。等级比重法（又叫实验统计法）是请一组专家进行试验，每一人次试验对每个因素进行唯一评判，最后统计出各种评判的频率，得到专家组对于每个单因素的评判结果。虽然等级比重法简单、方便、实用，但是精确度不高。利用专家评分法得出的判断比等级比重法更为精确，同样是请一组专家对一组指标分别给出隶属度的估计值，然后通过公式计算出各个指标的隶属度。但该方法是用一个确切数值表示判断结果，对于复杂问题而言并不是一个客观结果。集值统计法（汪培庄等，1984）则要求专家给出判断的一个取值范围，把统计样本看作是一个随机集的独立实现，再利用随机集来估计真值。对于定性指标的量化问题目前还没有一个公认的模式，从实用的角度来讲，常采用集值统计与专家咨询相结合的方法进行计算（孙小年等，2005）。

对于线性无量纲化函数，常用的广义指数法是指单项指标实际值与标准值直接进行对比所得到的评价当量值。如国家统计局公交司刘亮等（1988）提出的"经济效益评价综合指数法"及类似方法。这一方法的关键是选择标准值，如极值化、均值化、比重法、平方和比重法、分位数法、理想法、初值法、环比速率法等。广义线性功效系数法较广义指数法更符合实际，得到了大量的应用，如庞皓等（1993）提出的功效系数法及与之相类似的线性无量纲化函数。与广义指数法不同的是需要设定两个标准值。如，狭义功效系数法确定"不容许值"和"满意值"，极差变换法确定"最差值"和"最优值"，高中差变化法确定"算术平均值"和"极大值"，低中差变化法确定"极小值"和"算术平均值"等。与前面的两种线性无量纲化方法相比较，标准化法是从数理统计学中标准化方法实现对原始数据的变化思路引入到综合评价中的一种独特线性同度量化方法。经过标准化处理，所有指标的数量级别均统一为均值为 0、标准差为 1 的无量纲值。因此，不同指标具有可比性与可综合性。郭亚军等（2009）提出一个理想的线性无量纲化方法一般会满足六个性质，分别是单调性、差异比不变性、平移无关性、缩放无关性、区间稳定性和总量恒定性。经过对应判断发现"极值化"和"标准化"是满足理想性质较多的无量纲化方法，据此提出二者的一种组合方法，称为"极标复合法"，即 $x_{ij}^{*} = \mu \dfrac{x_{ij} - m_j}{M_j - m_j} + (1 - \mu) \dfrac{x_{ij} - \bar{x}_j}{s_j}$。该方法保留了极值化和标准化方法所共有的四项性质，因而本质上是在"区间稳定性"和"总量恒定性"两个互斥准则之间寻找一种平衡，也就是关于复合系数 μ 的影响作用。

线性无量纲化函数在实际中代表着指标实际值每提高一个单位，评价当量以固定的数值增加，边际效用不变。但是现实生活中，往往出现许多评价对象的当量值与指标值本身之间的关系却是呈非线性的。常用的非线性无量纲化函数有：指数型无量纲化方法，其基本函数形式是指数，并在其基础上可进行一定的扩展，实质上可以看作是广义线性功效系数结果的一次非线性的指数变换；针对直线型功效系数法中同一指标采用正指标和逆指标形式求出的功效系数值不一致的问题，苏为华（1993）提出对数型曲线无量纲方法，通过对数函数使得单项指标的对数型功效系数值不受正逆指标的影响；幂函数型无量纲曲线，是通过对原始数据做一严格单调的函数变换，然后采用直线型功效系数法形式计算单项指标的评价当量值。修正指数型功效系数法由陈湛匀（1991）提出、并由苏为华（2005）进行修正，是一种可以同时作为正逆指标的同度量化函数。

随着社会现象的日渐复杂和时间数据的逐步充实，动态综合评价越来越多地应用于经济管理的综合评价过程中。对于动态综合评价中的无量纲化函数，相当多的动态评价方法在进行时序立体数据规范化处理时都选用了静态评价方法中的无量纲化方法，同一指标在不同时期的数据采用一致的无量纲化方法，势必会消除同一指标在不同时刻的变动信息。因针对的是动态问题，静态问题中的无量纲化处理方式会忽略掉原始数据中隐含的增量信息，显然不合理。改进方法有：① 标准序列法（易平涛等，2009），它的基本思路是对任一个指标，将多维时间数据采用平均合成的方式压缩成 1 维，得到一个标准序列，再对其进行无量纲化处理，最后根据某一时刻的序列数据与标准序列数据之间原有的比例关系对无量纲化结果进行调整，将调整后的数据序列作为这一时刻该指标的无量纲化数据序列；② 全序列法（易平涛等，2009），它的基本思路是将同一指标在各个时点的数据集中到一块，统一进行无量纲化处理；③ 增量权法（易平涛等，2009），它的基本思路是将时序数据的无量纲化结果看作静态序列处理与动态增量处理结果的加权合成。

无量纲化过程经常会导致综合评价结果的敏感性问题，主要的因素有观测指标数据的个数多寡；无量纲化方法的不同等。针对观测指标数据的个数多寡引起的敏感性问题，郭亚军等（2008）提出引发这类问题的原因有两方面：无量纲化方法的结构及指标数据分布，并针对"异常点"指标数据分布提出"舍弃局部，提升整体"的无量纲化改进思路。除了由指标观测数据的个数引起的稳定性问题之外，敏感性还可以从选用不同的量纲方法上反映出来。张立军等（2010）提出构建指标来测度并选择无量纲化方法，即兼容度指标 $R_j = \dfrac{1}{n-1}\sum r_{jk}$，其中 $r_{jk} = 1 - \dfrac{6\sum d_i^2}{n(n^2-1)}$，$d_i$ 表示第 i 个评价对象在某两个无量纲化方法下评价结果的位次差。如果在某种无量纲化方法下各种评价结果的兼容度越高，则该无量纲化方法相对于其他方法越有效。

二、基于函数型数据表的无量纲化方法

（一）无量纲化的原理

指标的无量纲化，也叫指标数据的标准化、规范化，它是指通过数学变换来消除指标量纲影响的方法。对于极大型指标的转化主要有标准化处理法、极值处理法、线性比例法、归一化处理法、向量规范化、功效系数法等六种处理方法。而极小型、区间型、居中型等指标可以转化为极大型指标，所以本书均以极大型指标为例进行说明。

当综合评价问题引入时间因素后，就形成了具有时间、指标及评价对象三维结构的动态综合评价排序问题，这对传统的静态评价方法中的无量纲化方法提出了挑战。由于静态问题中的无量纲化处理方法会忽略掉原始数据中隐含的增量信息，易平涛等（2009）提出了标准序列法、全序列法及增量权法作为传统功效系数法的扩展，成为了同时兼顾了横向信息和纵向信息的无量纲化方法。

无量纲化的目的是消除不同指标在单位、量级上的差异（信息）。所以静态评价方法中指标的无量纲化通常是在评价对象的各列中，消除数据中包含的单位、量级上的差异，保留各评价对象的差异信息即纵向信息。而动态评价方法中的指标无量纲化，即由时间、指标及评价对象三维数据的无量纲化，则需要能兼顾评价对象的各列和时间点所在行的差异信息，即纵向、横向信息兼顾的条件下，消除数据中包含的单位、量级的差异。本书要考虑指标为函数型数据时的无量纲化方法，需要以动态评价中的无量纲化为基础进行初步的探讨。

（二）动态时序数据表的无量纲化方法

1. 标准序列法

对序列 $\{x_{ij}(t_k) \mid i = 1, 2, \cdots, n\}, j = 1, 2, \cdots, m; k = 1, 2, \cdots, N$。

对于任一指标 x_j，将 N 维数据采用平均合成的方式压缩成一维，得到一个标准序列 $\{x_{ij}^{\downarrow} \mid i = 1, 2, \cdots, n\}$，再对其进行无量纲化处理，得到 $\{x_{ij}^{\downarrow *} \mid i = 1, 2, \cdots, n\}$，根据某一时刻 t_k 的序列数据与标准序列数据 $\{x_{ij}^{\downarrow} \mid i = 1, 2, \cdots, n\}$ 之间原有的比例关系对 $\{x_{ij}^{\downarrow *} \mid i = 1, 2, \cdots, n\}$ 进行调整，将调整后的数据序列作为 t_k 时刻该指标的无量纲数据序列，即：

$$x_{ij}^{*}(t_k) = x_{ij}^{\downarrow *} \frac{x_{ij}(t_k)}{x_{ij}^{\downarrow}}, k = 1, 2, \cdots, N$$

$$x_{ij}^{\downarrow} = \frac{1}{N}\sum_{k=1}^{N}x_{ij}(t_k)$$

$$x_{ij}^{\downarrow *} = c + \frac{x_{ij}^{\downarrow} - \min\limits_{i}\{x_{ij}^{\downarrow}\}}{\max\limits_{i}\{x_{ij}^{\downarrow}\} - \min\limits_{i}\{x_{ij}^{\downarrow}\}} \times d, j = 1, 2, \cdots, m \qquad (3-23)$$

2. 全序列法

全序列法的思路是将同一指标在各个时点的数据集中到一起，统一进行无量纲化处理。

不失一般性，全序列功效系数法的形式为：

$$x_{ij}^{*}(t_k) = c + \frac{x_{ij}(t_k) - \min\limits_{i,k}\{x_{ij}(t_k)\}}{\max\limits_{i,k}\{x_{ij}(t_k)\} - \min\limits_{i,k}\{x_{ij}(t_k)\}} \times d, \ k = 1, 2, \cdots, N \qquad (3-24)$$

这里 $x_{ij}^{*}(t_k)$ 为第 i 个对象第 j 个指标在 t_k 时刻的无量纲化数据；$\max\limits_{i,k}\{x_{ij}(t_k)\}$、$\min\limits_{i,k}\{x_{ij}(t_k)\}$ 分别为第 j 个指标在 N 个时序数据中的最大值和最小值。

3. 增量权法

将时序数据的无量纲化结果看作静态序列处理与动态增量处理结果的加权合成，增量权功效系数法的形式为：

$$x_{ij}^{*}(t_k) = \alpha \dot{x}_{ij}^{*}(t_k) + (1-\alpha)\ddot{x}_{ij}^{*}(t_k), k = 1, 2, \cdots, N$$

其中 $0 \leqslant \alpha \leqslant 1$ ，且 $\dot{x}_{ij}^{*}(t_k) = c + \dfrac{x_{ij}(t_k) - \min\limits_{i}\{x_{ij}(t_k)\}}{\max\limits_{i}\{x_{ij}(t_k)\} - \min\limits_{i}\{x_{ij}(t_k)\}} \times d, \ k = 1, 2, \cdots, N$ ；

$$\ddot{x}_{ij}^{*}(t_k) = c + \frac{\Delta x_{ij}^{c}(t_k) - \min\limits_{i}\{\Delta x_{ij}^{c}(t_k)\}}{\max\limits_{i,k}\{\Delta x_{ij}^{c}(t_k)\} - \min\limits_{i,k}\{\Delta x_{ij}^{c}(t_k)\}} \times d, \ k = 1, 2, \cdots, N \qquad (3-25)$$

式中 $\Delta x_{ij}^{c}(t_k) = x(t_k) - x_{ij}(t_c), t_c$ 为选定的标准序列时刻， $t_c \in \{t_1, t_2, \cdots, t_N\}$ 。 $\dot{x}_{ij}^{*}(t_k)$ 表示静态无量纲化的处理结果（考虑了纵向差异信息），$\ddot{x}_{ij}^{*}(t_k)$ 表示对动态增量信息用"全序列法"思路处理的结果（考虑了横向增量信息）。而 α 成为同时兼顾静态方法与动态方法的协调系数，α 由评价者视具体情况而定。

（三）基于函数型数据表的无量纲化方法 [①]

1. 无量纲化方法之一（基于标准序列法的扩展）

假定 m 个指标函数序列为 $\{x_{ij}(t)\,|\,i=1,2,\cdots n;\,j=1,2,\cdots,m.\}$，首先将函数型数据压缩为一维，得到一个标准序列 $\{x_{ij}^{\downarrow}\,|\,i=1,2,\cdots,n\}$，再对其进行无量纲化处理，得到 $\{x_{ij}^{\downarrow*}\,|\,i=1,2,\cdots,n\}$，根据时间段 $T=[t_1,t_J]$ 的指标函数数据与标准序列数据 $\{x_{ij}^{\downarrow}\,|\,i=1,2,\cdots,n\}$ 之间原有的比例关系对 $\{x_{ij}^{\downarrow}\,|\,i=1,2,\cdots,n\}$ 进行调整，将调整后的函数数据作为时间段 $T=[t_1,t_J]$，该指标的无量纲数据函数即——

$$\begin{cases} x_{ij}^{\downarrow}=\dfrac{1}{t_J-t_1}\displaystyle\int_T x_{ij}(t)\,\mathrm{d}t \\[2mm] x_{ij}^{\downarrow*}=c+\dfrac{x_{ij}^{\downarrow}-\min\limits_{i}\{x_{ij}^{\downarrow}\}}{\max\limits_{i}\{x_{ij}^{\downarrow}\}-\min\limits_{i}\{x_{ij}^{\downarrow}\}}\times\mathrm{d},\,j=1,2,\cdots,m \\[2mm] x_{ij}^{*}(t)=x_{ij}^{\downarrow*}\dfrac{x_{ij}(t)}{x_{ij}^{\downarrow}}, \\[2mm] t\in T=[t_1,t_J] \end{cases} \quad (3\text{-}26)$$

2. 无量纲化方法之二（基于全序列法的扩展）

将一指标函数序列 $\{x_{ij}(t)\,|\,i=1,2,\cdots n,\,j=1,2,\cdots,m.\}$ 在 $T=[t_1,t_J]$ 时间段，关于不同评价对象的函数型数据集中到一起，统一进行无量纲化处理。

$$x_{ij}^{*}(t)=c+\frac{x_{ij}(t)-\min\limits_{i;t\in T}\{x_{ij}(t)\}}{\max\limits_{i;t\in T}\{x_{ij}(t)\}-\min\limits_{i;t\in T}\{x_{ij}(t)\}}\times\mathrm{d},\,i=1,2,\cdots,n\,,$$

$$t\in T=[t_1,t_J] \quad\quad (3\text{-}27)$$

这里 $x_{ij}^{*}(t)$ 为第 i 个评价对象的第 j 个指标的无量纲化函数；$\max\limits_{i;t\in T}\{x_{ij}(t)\}$、$\min\limits_{i;t\in T}\{x_{ij}(t)\}$ 分别为第 j 个指标在 $T=[t_1,t_J]$ 时间段内的最大值和最小值。注：由于基函数展开的函数一般为连续函数，而连续函数在一个确定的区间也一定有最大值和最小值。

---

① 本书主要在动态时序数据表的无量纲化方法的基础上，进行了一些推广。主要思想是将离散的点值基于函数的条件下进行一些变化，比如：离散条件下均值为 $x_{ij}^{\downarrow}=\dfrac{1}{N}\sum\limits_{k=1}^{N}x_{ij}(t_k)$ 函数时，$x_{ij}^{\downarrow}=\dfrac{1}{t_J-t_1}\displaystyle\int_T x_{ij}(t)\,\mathrm{d}t$。

3. 无量纲化方法之三（基于增量权法的扩展）

将时序数据的无量纲化结果看作静态序列处理与动态增量处理结果的加权合成，增量权功效系数法的形式为：

$$
\begin{cases}
x_{ij}^*(t) = \alpha \dot{x}_{ij}^*(t) + (1-\alpha)\ddot{x}_{ij}^*(t), k = 1, 2, \cdots, N \\[2mm]
\dot{x}_{ij}^*(t) = c + \dfrac{x_{ij}(t) - \min\limits_{i;t \in T}\{x_{ij}(t)\}}{\max\limits_{i;t \in T}\{x_{ij}(t)\} - \min\limits_{i;t \in T}\{x_{ij}(t)\}} \times d, \ i = 1, 2, \cdots, n; t \in T = [t_1, t_J] \\[2mm]
\ddot{x}_{ij}^*(t) = c + \dfrac{\Delta x_{ij}^c(t) - \min\limits_{i}\{\Delta x_{ij}^c(t)\}}{\max\limits_{i;t \in T}\{\Delta x_{ij}^c(t_k)\} - \min\limits_{i;t \in T}\{\Delta x_{ij}^c(t)\}} \times d, \ t \in T \\[2mm]
\text{其中}, 0 \le \alpha \le 1
\end{cases}
\tag{3-28}
$$

式中 $\Delta x_{ij}^c(t) \approx Dx_{ij}(t)\Delta t$ 表示在自变量 t 的增量 Δt 下，指标函数所产生的增量。$\dot{x}_{ij}^*(t)$ 部分表示静态无量纲化的处理结果（考虑了纵向差异信息），$\ddot{x}_{ij}^*(t)$ 部分表示对动态增量信息用"全序列法"思路处理的结果（考虑了横向增量信息）。而 α 成为同时兼顾静态方法与动态方法的协调系数，α 由评价者视具体情况而定。

4. 无量纲化方法之四（基于标准化方法的扩展）

指标的无量纲化，也叫指标数据的标准化。传统的 Z-Score 法即标准化变换，是无量纲化方法中最常见的方法之一。针对上述函数型数据表的无量纲化，很容易想到将其进行标准化处理。对原始数据进行标准化，即使得函数在水平方向的均值为 0，标准差为 1，方法如下：

设 $x_{ij}(t)$，$i = 1, 2, \cdots, n; j = 1, 2, \cdots, m; t \in T$ 为要研究的一系列指标函数型数据，则

$$
x_{ij}^{std}(t) = \frac{x_{ij}(t) - \dfrac{1}{t_T - t_1}\displaystyle\int_T x_{ij}(t)\mathrm{d}t}{\sqrt{\dfrac{1}{t_T - t_1}\displaystyle\int_T \left[x_{ij}(t) - \dfrac{1}{t_T - t_1}\displaystyle\int_T x_{ij}(t)\mathrm{d}t\right]^2 \mathrm{d}t}}
\tag{3-29}
$$

（四）基于基函数下的函数型数据表的无量纲化方法

函数型数据分析的原理是把函数型数据看成一个整体，而非个体观测值的一个序列。Functional 是指数据的内在结构，而非数据的外在形式。假定在给定数据背后存在着相应的函数，这样理论上可以估计任意时刻 t 的函数值。但实际中我们观察到的数据往往是离散的观测点，因此在进行函数型数据分析之前，需要对其进行预处理。首先要对观测数据进行平滑，将离散的

观测数据转化为函数。经常采用的平滑技术有三种：基函数法、局部加权平滑法和粗糙惩罚法。所以要通过基函数的形式来构建函数，由式（3-16）

得 $x_{ij}(t) = \sum\limits_{k=1}^{K} c_k^{ij}\varphi_k(t) = c^{ij\mathrm{T}}\varphi(t)$，这里 $c_k^{ij\mathrm{T}} = (c_{k1}^{ij}, c_{k2}^{ij}, \cdots c_{kK}^{ij})$，$\varphi(t)$ 为 K 维基函数列

向量。令 K 维向量 $u = \int_T \varphi(t)\mathrm{d}t$，$W = \int_T \varphi(t)\varphi(t)^{\mathrm{T}}\mathrm{d}t$ 则有：

$$\int_T x_{ij}(t)\mathrm{d}t = \int_T c^{ij\mathrm{T}}\varphi(t)\mathrm{d}t = c^{ij\mathrm{T}}\int_T \varphi(t)\mathrm{d}t = c^{ij\mathrm{T}}u，\quad（3-30）$$

$$x_{ij}^{\downarrow} = \frac{1}{t_J - t_1}\int_T x_{ij}(t)\,\mathrm{d}t = \frac{1}{t_J - t_1}c^{ij\mathrm{T}}u \quad（3-31）$$

$$\int_T \left[x_{ij}(t) - \frac{1}{t_T - t_1}\int_T x_{ij}(t)\mathrm{d}t \right]^2 \mathrm{d}t = c^{ij\mathrm{T}}Wc^{ij} - \frac{1}{t_T - t_1}c^{ij\mathrm{T}}uu^{\mathrm{T}}c^{ij}，\quad（3-32）$$

$$Dx_{ij}(t) = c^{ij\mathrm{T}}D\varphi(t)，\quad（3-33）$$

这里 $D\varphi(t)$ 为 K 维基函数的导数列向量。

所以基于函数型数据表的无量纲化方法在基函数下的形式为：

1. 基函数下的函数无量纲化方法之一（基于标准序列法的扩展）

$$\begin{cases} x_{ij}^{\downarrow} = \dfrac{1}{t_J - t_1}\int_T x_{ij}(t)\,\mathrm{d}t = \dfrac{1}{t_J - t_1}c^{ij\mathrm{T}}u \\[3mm] x_{ij}^{\downarrow *} = c + \dfrac{x_{ij}^{\downarrow} - \min\limits_{i}\{x_{ij}^{\downarrow}\}}{\max\limits_{i}\{x_{ij}^{\downarrow}\} - \min\limits_{i}\{x_{ij}^{\downarrow}\}} \times \mathrm{d}, j = 1, 2, \cdots, m \\[3mm] x_{ij}^{*}(t) = (t_J - t_1)x_{ij}^{\downarrow *}\dfrac{c^{ij\mathrm{T}}\varphi(t)}{c^{ij\mathrm{T}}u}, \\[3mm] 这里\, t \in T = [t_1, t_J] \end{cases} \quad（3-34）$$

2. 基函数下的函数无量纲化方法之二（基于全序列法的扩展）

$$x_{ij}^{*}(t) = c + \frac{c^{ij\mathrm{T}}\varphi(t) - \min\limits_{i;t\in T}\{c^{ij\mathrm{T}}\varphi(t)\}}{\max\limits_{i;t\in T}\{c^{ij\mathrm{T}}\varphi(t)\} - \min\limits_{i;t\in T}\{c^{ij\mathrm{T}}\varphi(t)\}} \times \mathrm{d},\ i = 1, 2, \cdots, n，\quad（3-35）$$

$$t \in T = [t_1, t_J]$$

3. 基函数下的函数无量纲化方法之三（基于增量权法的扩展）

将时序数据的无量纲化结果看作静态序列处理与动态增量处理结果的加权合成，增量权功效系数法的形式为：

$$
\begin{cases}
x_{ij}^{*}(t) = \alpha \dot{x}_{ij}^{*}(t) + (1-\alpha)\ddot{x}_{ij}^{*}(t), k=1,2,\cdots,N \\[2mm]
x_{ij}^{*}(t) = c + \dfrac{c^{ij\mathrm{T}}\varphi(t) - \min\limits_{i;t\in T}\{c^{ij\mathrm{T}}\varphi(t)\}}{\max\limits_{i;t\in T}\{c^{ij\mathrm{T}}\varphi(t)\} - \min\limits_{i;t\in T}\{c^{ij\mathrm{T}}\varphi(t)\}} \times \mathrm{d}, \ i=1,2,\cdots,n \\[4mm]
\ddot{x}_{ij}^{*}(t) = c + \dfrac{\Delta D_{ij}^{c}(t) - \min\limits_{i}\{\Delta D_{ij}^{c}(t)\}}{\max\limits_{i;t\in T}\{\Delta D_{ij}^{c}(t_{k})\} - \min\limits_{i;t\in T}\{\Delta D_{ij}^{c}(t)\}} \times \mathrm{d}, \ t\in T=[t_{1},t_{J}] \\[4mm]
\text{其中 } 0 \leqslant \alpha \leqslant 1
\end{cases}
\tag{3-36}
$$

式中 $\Delta D_{ij}^{c}(t) \approx c^{ij\mathrm{T}}D\varphi(t)\Delta t$，表示自变量 t 的增量 Δt 下，指标函数所产生的增量。

4．基函数下的函数无量纲化方法之四（基于标准化方法的扩展）

对于函数数据的标准化，在基函数的形式下为如下形式：

$$
x_{ij}^{std}(t) = \frac{x_{ij}(t) - \dfrac{1}{t_{T}-t_{1}}c^{ij\mathrm{T}}u}{\sqrt{\dfrac{1}{t_{T}-t_{1}}\left(c^{ij\mathrm{T}}Wc^{ij} - \dfrac{1}{t_{T}-t_{1}}c^{ij\mathrm{T}}uu^{\mathrm{T}}c^{ij}\right)}}
\tag{3-37}
$$

（五）对离散数据标准化与函数化的顺序讨论

实际中，我们面对的往往是离散的数据，所以这时遇到的是先对离散的数据进行无量纲化再函数化，还是先对原始数据进行函数化再施行无量纲化，这两者结论是否不同？由于对原始数据标准化方法是比较常见的无量纲化方法，所以我们以无量纲化方法之四为例进行研究，具体如下：

设 X 为一个随机变量，称

$$
X^{*} = \frac{X - mean(X)}{std(X)}
\tag{3-38}
$$

为 X 的标准化变量，其中 $mean(X)$ 为 X 的均值，$std(X)$ 为 X 的标准差。这里 X 可以表示综合评价中的一个指标变量。

假定 $X = \{x(t), t\in T\}$ 为定义于 T 上的一组随机变量，即为一随机过程。由式（3-16）

$$
x(t) = \sum_{k=1}^{K} c_{k}\varphi_{k}(t)
\tag{3-39}
$$

这里 $\{\varphi_{k}\}_{k=1}^{K}$ 为一组基函数，c_{k} 为对应的一组系数。本文假定 c_{k} 为 B 样条基函数，c_{k} 为与之对应的系数。代入式（3-35）得：

$$x^*(t) = \frac{x(t) - \frac{1}{t_T - t_1}c^{\mathrm{T}}u}{\sqrt{\frac{1}{t_T - t_1}\left(c^{\mathrm{T}}Wc - \frac{1}{t_T - t_1}c^{\mathrm{T}}uu^{\mathrm{T}}c\right)}} = ax(t) + b \qquad （3-40）$$

这里 $u = \int_T \varphi(t)dt$ ， $W = \int_T \varphi(t)\varphi(t)^{\mathrm{T}}dt$ ， $a = \dfrac{1}{\sqrt{\dfrac{1}{t_T - t_1}\left(c^{\mathrm{T}}Wc - \dfrac{1}{t_T - t_1}c^{\mathrm{T}}uu^{\mathrm{T}}c\right)}}$ ，

$$b = -\frac{\frac{1}{t_T - t_1}c^{\mathrm{T}}u}{\sqrt{\frac{1}{t_T - t_1}\left(c^{\mathrm{T}}Wc - \frac{1}{t_T - t_1}c^{\mathrm{T}}uu^{\mathrm{T}}c\right)}} 。$$

反之，若先将离散数据标准化后，即式（3-38）。这时 $mean(X)$ ，$std(X)$ 为一确定数。令 $a^* = \dfrac{1}{std(X)}$ ， $b^* = -\dfrac{mean(X)}{std(X)}$ ，则 $X^* = a^*X + b^*$ ，将 $X^* = \{x^*(t), t \in T\}$ 看成定义于 $x^*(t) = \sum_{k=1}^{K} c_k^* \varphi_k(t)$ 上的随机过程，由式（3-16）可得：

$$x^*(t) = \sum_{k=1}^{K} c_k^* \varphi_k(t) \qquad （3-41）$$

故两种不同顺序下基函数系数的关系分别如下：

$$\begin{cases} c_0^* = ac_0 + b \\ c_k^* = ac_k \end{cases}, k = 1, 2, \cdots, K \qquad （3-42）$$

$$\begin{cases} c_0^* = a^*c_0 + b^* \\ c_k^* = a^*c_k \end{cases}, k = 1, 2, \cdots, K \qquad （3-43）$$

例子：笔者收集到股票深发展 A 的换手率、振幅从 2001 年 1 月到 2009 年 12 月的月度数据，使用 matlab 软件画出该股票在这段时间内换手率和振幅两个指标的原始数据的拟合函数和原始数据无量纲化（标准化为例）后的拟合函数形式（具体数据见附录 1）。具体图形如图 3-1。

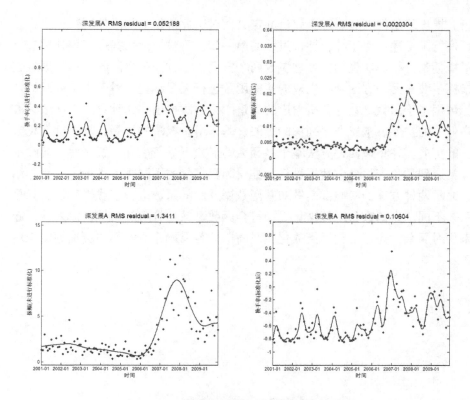

图 3-1 两类指标函数标准化前后图形对比

从图中可以看出，标准化前后曲线的形态基本不变，曲线的整体发展趋势也没有明显的变化，但是光滑度变化比较明显，这一点从光滑系数的取值变化可以看出。

结论：对离散数据标准化与函数化的顺序不同，结果会不同。先标准化再函数化，或先函数化再标准化，均相当于对基函数展开后的系数进行了线性变换。但是不同顺序下线性变换不同，a, a^*、b, b^* 很明显是不同的。第二种方法是从函数型数据整体去考虑数据的无量纲化，比第一种方法更加符合实际，但是第一种方法很明显比第二种方法简单很多，实际中我们经常采用第一种方法。

本章小结

本章首先对于函数型数据分析（FDA）进行了简单的介绍后，对于其近二十年的发展状况尤其是在多元统计分析方法的扩展研究进行了详细的分析。提出了函数型数据综合评价的定义，对于评价指标的函数型数据生成过程进行了描述。对于综合评价过程的第一步——对指标数据进行预处理进行了概括和分析。这里的预处理包含两个方面：一方面是离散的指标数据生成指标函数；另一方面是将生成的指标函数进行无量纲化。对于本文涉及的指标数据基于函数型数据分析角度的无量纲化方法提出了四种方法：基于标准序列法的扩展、基于全序列法的扩展、基于增量权法的扩展、基于标准化方法的扩展。并将该四种方法基于基函数的形式下进行展开。最后对于实际中经常遇到的关于将离散数据进行标准化和函数化的不同顺序进行了证明。结果显示两种方法的实质都是针对基函数展开后的系数进行了线性变换，只是系数不同。先函数化后标准化更加符合函数型数据分析的实质，但是使用起来相对复杂；先标准化后函数化相对简单，容易操作。实际中更加倾向于后者。

第四章 指标权数的动态性质及确定方法研究

第一节 指标权数的动态性质

一、引言

在综合评价过程中，评价的指标函数确定之后，如何确定指标权重是影响综合评价结果是否合理的核心问题之一，也是目前综合评价研究的热点和难点。根据权数在确定的过程中所反映的性质，大致可归纳为以下几种：

（一）权数具有"重要性"

权数是衡量单个指标在整个评价体系中相对重要程度的测度，越是重要的指标，就越应该赋予更大的权数。这里的重要性包括：① 根据人们主观上对各评价指标的重视程度来确定，认为与评价目标关系密切的指标是重要的指标。这类反映"重要性"的赋权法多是主观赋权法，受评价者对指标的认识、经验、直觉和偏好的影响较大。例如，使用自然语言比较级进行定性评判的"语言评判方法"，借助定量打分的直接评分方法、层次分析法、Delphi 法等都是该类赋权法。② 从对评价合成值影响大小的角度理解。对若干个要评价的对象（系统）而言，某指标取值的变化（或波动）程度非常大；换句话说，对评价对象而言，该指标在综合评价过程中对评价结果影响很大。对评价结果影响越大的指标，认为是较重要的指标，应赋予较大的权数。该类权数的赋权方法主要有突出整体差异的"拉开档次法"（郭亚军，2007）、逼近理想点法等。③ 根据指标在总体中的变异程度、可靠性及对其他指标的影响大小来赋权。通常认为指标提供的信息量越大，越是重要的指标。该类权数的赋权方法有突出局部差异的均方差法、极差法、熵值法等。

（二）权数具有"模糊性"

权数是对"重要性"的度量，因此它并不是精确量，而是模糊量。因为重要性本身就是一个模糊的概念，所以权数的确定具有很大的灵活性，取值可能在某一个具体的区域内变动，例如评判时给出重要性程度大致范围的区间打分法，就是反映"模糊性"的赋权。该类赋权方法主要有目标规划法、随机模拟法、误差传递理论及区间层次分析法等。陈骥（2010）系统总结了现有的区间构权方法，并提出了一些改进的思路。

（三）数具有"主观性"

权数的模糊性与构造的人工性，使权数带有主观性，且受评价者主观意识的影响。这里的主观性是广义的，主要指构权者完全可以根据自己的偏好和熟悉程度，以及评价模型的特点来选择（既可以选择主观构权、又可以选择客观构权），因而不可避免地会因人而异（苏为华，2001）。为了减弱专家人为因素的干扰，更客观、准确地给出评价指标的权数，可以同时聘请多位专家进行构权，即群组构权法。

以上我们在综合评价问题中，从权数具有的性质这个角度出发，得出权数具有"重要性""模糊性"和"主观性"。但是随着现代信息技术的发展，多学科的相互交叉，人们面临数据的日渐复杂，综合评价涉及领域的日渐广泛，权数所具有的性质也将更加丰富。

二、权数的动态性质

（一）权数具有"时序性"

现实的经济管理综合评价过程中，由于社会现象处于不断地变化和发展之中，对同一个对象（系统）的综合评价，随着时间的发展和数据的积累，人们开始拥有大量的按时间顺序排列的平面数据表序列，称为"时序立体数据表"（郭亚军等，2007）。由时序立体数据表支持的综合评价问题，在不同的时点上研究对象（系统）具有不同的性质（参数值是动态的），定义这类评价问题为动态综合评价问题。例如，不同地区在不同年代的现代化、市场化评价问题（苏为华等，2007），上市公司在不同时期的综合业绩评价问题（王璐，2005）等。随着现象的发展阶段的不同，在连续期间内指标由于所处阶段的不同，对当期评价结果的影响程度也不相同，故需要采用变化的权数，此类权数具有"时序性"。

设有 n 个被评价对象（系统）$s_1, s_2, \cdots, s_n$，有 m 个评价指标 $x_1, x_2, \cdots, x_m$，$x_{ij}(t_k)$ 为第 i，$i = 1, 2, \cdots, n$ 个被评价对象（系统）在第 t_k，$k = 1, 2, \cdots, T$ 时刻关于指标 x_i，$j = 1, 2, \cdots, m$ 的观测值，当我们对 n 个被评价对象（或系统）进行评价时，可形成如下一组按时间顺序排放的时序立体数据表（见表 4-1）。

表 4-1　多指标时序立体数据表

时间 系统	t_1	t_2	$\cdots$	t_T
	$x_1, x_2, \cdots, x_m$	$x_1, x_2, \cdots, x_m$	$\cdots$	$x_1, x_2, \cdots, x_m$
s_1	$x_{11}(t_1), x_{12}(t_1), \cdots,$ $x_{1m}(t_1)$	$x_{11}(t_2), x_{12}(t_2), \cdots,$ $x_{1m}(t_2)$	$\cdots$	$x_{11}(t_T), x_{12}(t_T), \cdots,$ $x_{1m}(t_T)$
s_2	$x_{21}(t_1), x_{22}(t_1), \cdots,$ $x_{2m}(t_1)$	$x_{21}(t_2), x_{22}(t_2), \cdots,$ $x_{2m}(t_2)$	$\cdots$	$x_{21}(t_T), x_{22}(t_T), \cdots,$ $x_{2m}(t_T)$
$\vdots$	$\vdots$	$\vdots$	$\vdots$	$\vdots$
s_n	$x_{n1}(t_1), x_{n2}(t_1), \cdots,$ $x_{nm}(t_1)$	$x_{n1}(t_2), x_{n2}(t_2), \cdots,$ $x_{nm}(t_2)$	$\cdots$	$x_{n1}(t_T), x_{n2}(t_T), \cdots,$ $x_{nm}(t_T)$

定义 4-1：由多指标时序立体数据表支持的综合评价问题，称为动态综合评价[①]，一般表现形式为：

$$y_i(t_k) = F(\omega_1(t_k), \omega_2(t_k), \cdots, \omega_n(t_k); x_{i1}(t_k), x_{i2}(t_k), \cdots, x_{in}(t_k)), \tag{4-1}$$
$$i = 1, 2, \cdots, n; k = 1, 2, \cdots, T.$$

这里 $F(\cdot, \cdot)$ 为（结构待定的）综合评价函数，$\omega(t_k) = (\omega_1(t_k), \omega_2(t_k), \cdots, \omega_m(t_k))^{\mathrm{T}}$ 为评价指标 x_i 在不同的时刻 t_k 处的权重系数，且 $\omega_j(t_k) \geq 0, \sum\limits_{j=1}^{m_i} \omega_j(t_k) = 1$，$\forall t_k \in [t_1, t_T]$ 的时间点。这里的权数 $\omega(t_k)$，$k = 1, 2, \cdots, T$ 存在两种情况：

（1）虽然现象在不断地发展变化，但是权数仅反映"指标重要性"的差别，在一段时间内，这种重要性没有发生变化，从而权数也没有变化，那么上述的权数形式 $\omega(t_k) = (\omega_1(t_k), \omega_2(t_k), \cdots, \omega_m(t_k))^{\mathrm{T}}$，退化为：

$$\omega(t_k) = (\omega_1, \omega_2, \cdots, \omega_m)^{\mathrm{T}} \quad \omega_j \geq 0, \sum_{j=1}^{m} \omega_j = 1, \quad \forall t_k \in [t_1, t_T] \text{ 的时间点} \tag{4-2}$$

我们称这种权数为定权，这种权数没有时序性。例如课程教学质量评估系统，对于指标结构｛师资队伍状况、学术研究水平、教学工作质量、学生学习质量、教学设备条件｝，我们一般采用"定基差式比较构权"[②] 设计各指标的相对权重。这类权重在一段时间内不会发生很大的改变，即为定权。

[①]　郭亚军：《一种新的动态综合评价方法》，《管理科学学报》2002 年第 2 期，第 50—54 页。

[②]　具体做法参阅苏为华《多指标综合评价理论与方法研究》，中国物价出版社 2002 年版。

（2）更加一般的情况是，随着现象发展阶段的不同，在连续期间内指标由于所处阶段的不同，对当期评价结果的影响程度也不同，即需要采用变化的权数，这类权数具有"时序性"。不同的时间段，权数值发生了变化。权数的表现形式为：

$$\omega(t_k) = (\omega_1(t_k), \omega_2(t_k), \cdots, \omega_m(t_k))^{\mathrm{T}}$$

$$\omega_j(t_k) \geq 0, \sum_{j=1}^{m} \omega_j(t_k) = \sum_{j=1}^{m} \omega_j(t_{k+1}) = 1, \quad \forall t_k \in [t_1, t_T] \text{ 的时间点} \qquad （4-3）$$

多指标动态综合评级问题所对应的时序立体数据可以看成由指标、评价对象（系统）和时间构成的三维数据。所以权数的确定，多了一个时间维度，于是时间权重的确定方法成为核心问题。求解这类权数的主要思路是引入"时间度"来表明评价者对各个阶段数据的重视程度（姚远，2007），而不是简单地将各个时刻看成均等重要。常见的时间权重确定方法主要有规划法、方差法、模糊量化法等。

（二）权数具有"空间性"

在经济管理的问题研究中，时间变量和空间变量是人们经常遇到的分组标志。研究的数据为截面数据时，若数据是取自某一时点（或时期）的不同区域（或地点，以下统称区域），如不同的省份、市、县等，数据中通常包含区域所处的位置特性。例如，在对某省各县的社会经济协调发展水平进行综合评价时，可先按地级市划分，这样不仅可以考察各县的综合协调水平，还可以考察各地级市的协调水平（苏为华，2008）。

设有 n 个被评价对象（系统），$s_1, s_2, \cdots, s_n$，有 m 个评价指标 $x_1, x_2, \cdots, x_m$，在某个时点上，被评价对象（系统）s_i 按区域可以分为区域 i_1，区域 i_2，$\cdots$，区域 in_i，这里 $i = 1, 2, \cdots, n$。y_{ij}（$i = 1, 2, \cdots, n$；$j = 1, 2, \cdots, n_i$）表示区域 ij 在评价指标体系 $x_1, x_2, \cdots, x_m$ 下的综合评价值。当我们对 n 个被评价对象（或系统）进行评价时，可形成如下一组按区域分类的多指标多区域立体数据表（见表4-2）。

定义4-2： 由多指标多区域立体数据表支持的综合评价问题，称为区域综合评价。一般表现形式为：

$$\tilde{y}_i = F(\omega_i, y_i) \qquad （4-4）$$

这里 $F(\cdot, \cdot)$ 为（结构待定的）综合评价函数，$\omega_i = (\omega_{i1}, \omega_{i2}, \cdots, \omega_{in_i})^{\mathrm{T}}$ 为评价指标值 y_i，（这里 $y_i = (y_{i1}, y_{i2}, \cdots, y_{in_i})$）在不同的区域的权重系数，且 $\omega_{ij} \geq 0, \sum_{j=1}^{n_i} \omega_{ij} = 1$，$i = 1, 2, \cdots, n$。

权数 $\omega_i(i=1,2,\cdots,n)$ 具有空间性，代表着不同的区域对被评价对象（系统）的影响程度，我们称它为"空间权重"。时间上的邻近性对经济、文化历史的发展有密切的关系，地理位置的邻近性对经济、社会的发展亦是如此。

"空间经济计量学"（Spatial Econometrics）的名词最早由 J. Paelinck 在1974 年的荷兰统计协会年会大会致辞时提出，Cliff 和 Ord（1973，1981）对空间自回归模型进行了开拓性的工作，发展出广泛的模型、参数估计和检验技术，使得经济计量学建模中综合空间因素变得更加有效。空间经济计量学引入了空间权重矩阵，如何合适地选择空间权重矩阵一直以来也是探索空间数据分析的重点和难点问题。

表 4-2　多指标多区域立体数据表 [①]

评价对象（系统）	指标区域	$x_1, x_2, \cdots, x_m$
	区域 11	y_{11}
s_1	$\cdots$	$\cdots$
	区域 $1n_1$	y_{1m_1}
	区域 21	y_{21}
s_2	$\cdots$	$\cdots$
	区域 $2n_2$	y_{2n_2}
$\vdots$	$\vdots$	$\vdots$
	区域 n1	y_{n1}
s_n	$\cdots$	$\cdots$
	区域 nn_n	y_{nn_n}

空间权重矩阵用来确定并描述空间关系，是一种表达空间邻近关系的重要方式。"邻近性"这一概念有狭义和广义的内涵（张尧庭，1996）。狭义的理解就是区域上的临近性，比如相邻的省、县等，一般认为，这时空间权重随着距离的增加而减少，随着区域公共边界长度增加而增加。广义的理解可以认为是某一属性的邻近性，临近就是反映相互间关系的一个抽象概念，

[①]　该表格相当于传统的多指标静态综合评价中多了一个空间维度，不同的区域对于评价对象（系统）的贡献度往往是不同的，从而此时不同区域的权数大小是不同的，本书视该类权数为"空间权数"。

例如几个区域就外贸角度来说，从相互贸易额的大小来反映是否"邻近"，而且可以反映"邻近"的程度。前者实际上是空间权重矩阵中基于邻近的权重矩阵，后者实际上是空间权重矩阵中基于经济的权重矩阵。张嘉为、陈曦、汪寿阳（2009）提出基于区间变量协动程度的协动空间权重矩阵。对于空间权重在综合评价中的应用，尚无人在这方面进行研究。本书尝试将空间权重矩阵的方法引入综合评价的区域赋权当中。

（三）权数具有"时空性"

人类活动是在时间和空间两个不同维度进行的，随着我国统计工作的不断深入，以时间和区域汇总的数据将大量出现。随着时间的推移，系统状态在不断地运动、变化着。人们关注多个（同类）系统在同一时段运行状况的好坏，而此时每个系统又可以分为多个区域；人们还关注单个系统在不同时段运行状况的变化情况，而此时每个系统的每个区域也随时间变化着；人们更关注多个系统在不同时段的整体运行状态，即多个系统的多个区域在不同时段的整体运行情况，它比前两种情形更复杂更具挑战性，这比常说的"具有时序特征系统动态综合评价问题"，增加了空间的维度，我们称为"具有时空特征的系统动态综合评价问题"。其具体形式如下：

设有 n 个被评价对象（系统），$s_1, s_2, \cdots, s_n$，有 m 个评价指标 $x_1, x_2, \cdots, x_m$，在某个时点上，被评价对象（系统）s_i 按区域可以分为区域 i_1，区域 i_2，$\cdots$，区域 $i{n_i}$，这里 $i = 1, 2, \cdots, n$。综合评价值 $y_{ij}^{(k)}$（$i = 1, 2, \cdots, n$；$j = 1, 2, \cdots, n_i$，$k = 1, 2, \cdots, T$）表示区域 ij，于时刻 $t_k (k = 1, 2, \cdots, T)$，在评价指标体系 $x_1, x_2, \cdots, x_m$ 下的综合评价值。当我们对 n 个被评价对象（或系统）进行评价时，可形成如下一组按时间和区域分类的多指标时空立体数据表（见表 4-3）。

定义 4-3： 由多指标时空立体数据表支持的综合评价问题，称为动态区域综合评价，一般表现形式为：

$$\tilde{y}_i(t_k) = F(\omega_i(t_k), y_i^{(k)}) \tag{4-5}$$

这里 $F(\cdot, \cdot)$ 为（结构待定的）综合评价函数，$\omega_i(t_k) = (\omega_{i1}(t_k), \omega_{i2}(t_k), \cdots, \omega_{in_i}(t_k))^{\mathrm{T}}$ 为评价指标值 $y_i^{(k)}$（这里 $y_i^{(k)} = (y_{i1}^{(k)}, y_{i2}^{(k)}, \cdots, y_{in_i}^{(k)})$）在不同的区域的权重系数，且 $\omega_{ij}(t_k) \geq 0, \sum\limits_{j=1}^{n_i} \omega_{ij}(t_k) = 1$，$\forall t_k \in [t_1, t_T]$。

表 4-3　多指标时序多区域立体数据表 [①]

评价对象 （系统）	时间	t_1	t_2	⋯	t_T
	指标 区域	$x_1, x_2, \cdots, x_m$	$x_1, x_2, \cdots, x_m$	⋯	$x_1, x_2, \cdots, x_m$
s_1	区域 11	$y_{11}^{(1)}$	$y_{11}^{(2)}$	⋯	$y_{11}^{(T)}$
	⋯	⋯	⋯	⋯	⋯
	区域 1n1	$y_{1n_1}^{(1)}$	$y_{1n_1}^{(2)}$	⋯	$y_{1n_1}^{(T)}$
s_2	区域 21	$y_{21}^{(1)}$	$y_{21}^{(2)}$	⋯	$y_{21}^{(T)}$
	⋯	⋯	⋯	⋯	⋯
	区域 2n2	$y_{2n_2}^{(1)}$	$y_{2n_2}^{(2)}$	⋯	$y_{2n_2}^{(T)}$
⋮	⋮	⋮	⋮	⋮	⋮
s_n	区域 n1	$y_{n1}^{(1)}$	$y_{n1}^{(2)}$	⋯	$y_{n1}^{(T)}$
	⋯	⋯	⋯	⋯	⋯
	区域 nnn	$y_{nn_n}^{(1)}$	$y_{nn_n}^{(2)}$	⋯	$y_{nn_n}^{(T)}$

　　特别地，当现象在不断地发展变化，但是权数仅反映"指标重要性"的差别，在一段时间内，这种重要性没有发生变化，从而权数也没有变化，那么上述的权数形式退化为定义 4-2 中的"空间权重"。同样，若去掉区域影响，则上述的权数形式就退化为定义 4-1 中的权重形式。更加一般地，虽然现象在不断地发展变化，但是权数仅反映"指标重要性"的差别，在一段时间内，这种重要性没有发生变化，从而权数也没有变化，而且与区域无关，那么上述的权数形式退化为传统的一般权数形式——仅代表指标重要性，与时间、区域无关。

第二节　指标权数"时空性"赋权方法的理论研究基础

一、反映权数"时序性"的赋权方法

　　针对表 4-1 提供的时序立体数据表形式下的动态综合评价问题，其中权数 $\omega(t_k) = (\omega_1(t_k), \omega_2(t_k), \cdots, \omega_m(t_k))^{\mathrm{T}}$ $(k = 1, 2, \cdots, T)$，由于受时间因素的影

[①]　该表格在多指标多区域立体数据表的基础上，将时间维度考虑进去了。

响，在确定权数时需要在传统权数确定方法的基础上，将时间因素考虑进去。边旭、田厚平、郭亚军（2004）在综合评价模型中引入时序激励因子和时间权向量，具体方法如下：

$$y_i(t_k) = \sum_{j=1}^{m} \omega_j(t_k) x_{ij}(t_k), i = 1, 2, \cdots, n; k = 1, 2, \cdots, T$$

$$h_i = \sum_{k=2}^{T} a_k [y_i(t_k) + \lambda_k (y_i(t_k) - y_i(t_{k-1}))], i = 1, 2, \cdots, n; k = 1, 2, \cdots, T \quad （4-6）$$

式中 h_i 为系统的最终评价值，$a = (a_1, a_2, \cdots, a_T)^T$ 为时间权重系数，且 $\sum_{k=2}^{T} a_k = 1, a_k > 0$。$\lambda_k$ 为 $t_k (k = 1, 2, \cdots, T)$ 时刻的激励因子。

杨益民（1997）认为，"有时序多指标决策问题是在决策空间和目标空间基础上增加了时间维度，即在决策因素是三维的情况下进行方案综合排序"。并在理想矩阵法（樊治平、肖四汉，1993）的基础上，从满意度的角度出发，提出了一种新的优选方法——满意度矩阵法。具体方法如下：

（1）计算每个时间点 $t_k(k = 1, 2, \cdots, T)$ 的满意度矩阵 $F(t_k) = (f_{ij}(t_k))_{n \times m}$（ $k = 1, 2, \cdots, T$）；

（2）计算每个时间点 $t_k(k = 1, 2, \cdots, T)$ 评价对象（系统）的排序向量：

$$\alpha(t_k) = F(t_k) \cdot W = (\alpha_1(t_k), \alpha_2(t_k), \cdots, \alpha_n(t_k))^T, \quad k = 1, 2, \cdots, T \quad （4-7）$$

这里 $W = (\omega_1, \omega_2, \cdots, \omega_m)^T$ 为指标加权向量。显然 $\alpha_i(t_k)$ 越大，评价方案对象（系统）越排在前面。

（3）进一步考虑时间权重向量 $\lambda = (\lambda_1, \lambda_2, \cdots, \lambda_T)$，令：

$$\beta = (\alpha(t_1), \alpha(t_2), \cdots, \alpha(t_T)) \cdot \lambda^T = (\beta_1, \beta_2, \cdots, \beta_n)^T \quad （4-8）$$

显然 $\beta_i(i = 1, 2, \cdots, n)$ 越大，相应的评价对象（系统）越排在前面。

上述两种方法均是在原有的评价方法上引入时间概念，但对于时间权重系数没有提出一个具体的方法去得到，只是简单采用各个时间段均等的方法，这样时间权重形同虚设，没有起到任何作用。

郭亚军（1995）提出了一种基于二次加权平均的动态综合评价方法，第一次加权突出各指标在不同时刻的作用，将其排成稳定的序关系；第二次加权在第一次加权的基础上，确定某一时刻的指标重要程度之比，即再次突出时间的作用，"厚古薄今"。二次加权法实际上是将"立体数据"转化为"平面数据"，虽然给出了时间权重因子的具体求法，但没有直接对"时序立体数据表"进行动态分析。

郭亚军（2002）提出"纵横向"拉开档次法，确定权重系数的原则为：

在时序立体数据表上最大可能地体现出各被评价对象之间的差异，直接利用了"时序立体数据表"进行动态评价。具体方法可由以下规划问题解决：

$$\begin{cases} \max W^{\mathrm{T}} HW \\ s.t.\ \|W\| = 1 \\ W > 0 \end{cases} \qquad (4\text{-}9)$$

这里 $H = \sum\limits_{k=1}^{T} H_k$，而 $H_k = A_k^{\mathrm{T}} A_k (k = 1, 2, \cdots, T)$，$A_k = (x_{ij}(t_k))_{n \times m}$，$k = 1, 2, \cdots, T$。不过他假定权数不随时间变化，即我们所说的"定权"问题。但对于随时间变化的权函数的求法并未提及。

多指标动态综合评级问题所对应的时序立体数据可以看成由指标、评价对象（系统）和时间构成的三维数据。所以权数的确定，主要是多了一个时间维度，时间权重的确定方法成为核心问题。可以借鉴的主要思路是，引入"时间度"来表明评价者对各个阶段数据的重视程度（姚远，2007），而不是简单地将各个时刻看成同等重要。取 $\lambda = orness(W) = \sum\limits_{i=1}^{n} \dfrac{n-i}{n-1} \omega_i$，例如 $\lambda = 0.9$，表示非常重视远期数据，$\lambda = 0.5$ 表明评价者对各个时间段的重视程度一样，$\lambda = 0.1$ 表示非常重视近期数据。常见的时间权重确定方法主要有规划法、方差法、模糊量化法等。

规划法确定时间权重的准则是：在事先给定"时间度" $\lambda = orness(W)$ 的情况下，尽可能充分地挖掘样本的信息和突出被评价对象在时序上的整体差异为标准（权重的熵值最大）来寻找适合该样本集结的时间权向量。具体表现为求解如下非线性规划问题：

$$\begin{cases} Max\left(-\sum\limits_{k=1}^{T} \omega_k \ln \omega_k \right) \\ s.t.\quad \lambda = \sum\limits_{k=1}^{T} \dfrac{T-k}{T-1} \omega_k \\ \sum\limits_{k=1}^{T} \omega_k = 1,\ \omega_k \in [0,1] \\ k = 1, 2, \cdots, T \end{cases} \qquad (4\text{-}10)$$

方差法确定时间权重的准则是：在事先给定"时间度" $\lambda = orness(W)$ 的情况下，以尽可能地寻找一组最稳定的时间权重系数来集结样本值，即寻找一组时间权重系数使其波动最小（即权重系数的方差最小）。具体表现为：

$$
\begin{cases}
Min\ \left(\dfrac{1}{n}\displaystyle\sum_{k=1}^{T}\omega_k^2-\dfrac{1}{n^2}\right) \\[2mm]
s.t.\quad \lambda=\displaystyle\sum_{k=1}^{T}\dfrac{T-k}{T-1}\omega_k \\[2mm]
\displaystyle\sum_{k=1}^{T}\omega_k=1,\ \omega_k\in\left[0,1\right] \\[2mm]
k=1,2,\cdots,T
\end{cases}
\tag{4-11}
$$

模糊量化法确定时间权重的准则是：在事先给定模糊量化函数取不同参数值的情况下，确定时间权重。具体如下：

设模糊量化函数 $Q(x)$ 为

$$
Q(x)=\begin{cases}
0 & x\le a \\[2mm]
\dfrac{x-a}{b-a} & a\le x\le b \qquad a,b,x\in\left[0,1\right] \\[2mm]
1 & x\ge b
\end{cases}
\tag{4-12}
$$

其中参数 (a,b) 取不同值，对应于模糊量化准则的"大多数""至少多数""尽可能多"的算子 Q 的参数对 (a,b) 分别为 $(0.3, 0.8)$，$(0, 0.5)$，$(0.5, 1)$。根据模糊量化函数 $Q(x)$ 可得到时间权重系数 $\omega_k=Q\left(\dfrac{k}{n}\right)-Q\left(\dfrac{k-1}{n}\right)$。

二、反映权数"空间性"的赋权方法理论基础

（一）引言

自 Cliff 等在 1973 年撰写了《空间自相关》一书，为度量区域空间单元之间的相互关系提供了一个具有统计学意义的有效手段。Tobler 于 1979 年指出了区域空间相关性的存在。随着社会的进步，对于数据的分析处理，不再局限于对数据进行存储、查询与显示，区域之间的空间关系分析逐渐为人们所关注。

空间自相关是指同一个变量在不同空间位置上的自相关，其度量方式主要有全局空间自相关和局部空间自相关。前者描述某种现象的整体分布情况，判断此现象在特定的区域内是否有聚集特征存在，但不能确切地指出聚集在哪些位置；后者用来计算局部空间聚集性，既可以指出聚集的位置，又可以探测空间异常等。

（二）空间自相关统计量

全局空间自相关的统计量有：全局 Moran'sI 统计量，全局 Geary C 统计量等；局部空间自相关统计量有：局部 Moran'sI 统计量，局部 Geary C 统计量，G 统计量等。在这些统计量中，Moran'sI 统计量是最早提出的，简单而常用的统计量。

全局 Moran'sI 统计量形式为：

$$I = \frac{\sum\limits_{i=1}^{n}\sum\limits_{j\neq i}^{n}\omega_{ij}(x_i - \bar{x})(x_j - \bar{x})}{S^2 \sum\limits_{i=1}^{n}\sum\limits_{j\neq i}^{n}\omega_{ij}} \qquad （4-13）$$

其中 n 是样本数，$S^2 = \frac{1}{n}\sum\limits_{i=1}^{n}(x_i - \bar{x})^2$，$x_i$ 是观测位置 i 的属性值，$\bar{x}$ 是全部观测位置属性值的平均，ω_{ij} 是空间权重矩阵中的元素。全局 Moran'sI 的值介于 $-1\sim1$ 之间，大于 0 为正相关，即空间邻接单元之间不具有相似的属性；近似为 0 时则为随机独立分布。

常用 LISA（Local Indicators of Spatial Association）方法来评价局部空间自相关情况。每一个地区 i 的局部 Moran'sI 统计量的定义如下形式：

$$I_i(d) = Z_i \sum\limits_{j\neq i}^{n}\tilde{\omega}_{ij}Z_j \qquad （4-14）$$

其中 $Z_i = \dfrac{x_i - \bar{x}}{\sigma}$，为 x_i 的标准化变换；$\tilde{\omega}_{ij}$ 是按行和归一化后的空间权重矩阵中的元素，该权重矩阵为非对称矩阵。

（三）空间权重矩阵的介绍

空间权重矩阵的构造方法很多，主要有基于邻近的权重矩阵和基于经济的权重矩阵。基于邻近的权重矩阵主要有：

1.0-1 权重矩阵

$\omega_{ij} = \begin{cases} 1 & i,j\text{相邻} \\ 0 & i,j\text{不相邻} \end{cases}$，这里相邻包括左右相邻，或上下相邻，或有无公共边界，不同的相邻方式，权重矩阵完全不同。

2.K 最近点权重

$\omega_{ij} = \dfrac{1}{d_{ij}^m}$，这里 d_{ij} 为区域 i 与区域 j 之间的距离。

3. 基于距离的权重

$$\omega_{ij} = \begin{cases} 1 & \text{当区域}i\text{和区域}j\text{的距离小于}d\text{时} \\ 0 & \text{其他} \end{cases}$$

4. Dacey 权重

$\omega_{ij} = d_{ij} \cdot \alpha_i \cdot \beta_{ij}$，这里 d_{ij} 是对应的二进制连接矩阵元素，即取值为 1 或 0；α_i 是区域 i 的面积占整个空间系统的所有区域面积的比例，β_{ij} 为区域 i 被区域 j 共享的边界长度占区域 i 总边界长度的比例。

5. 阙值权重

$$\omega_{ij} = \begin{cases} 0 & i = j \\ a_1 & d_{ij} < d \\ a_2 & d_{ij} \ge d \end{cases}$$

6. Cliff-Ord 权重

$\omega_{ij} = (d_{ij})^{-a} \cdot (\beta_{ij})^b$，这里 d_{ij} 代表区域 i 与区域 j 之间的距离，β_{ij} 为区域 i 被区域 j 共享的边界长度占区域 i 总边界长度的比例，a，b 为参数，例如可取 $a = -1, b = 1$

不同的空间权重矩阵定义会影响 Moran' sI 的值，徐彬（2007）通过网格数据模拟发现 K 最近点权重和阙值权重得到的全局 Moran' sI 的值变异较小，受空间属性值的影响较小，是比较好的权重；他还发现阙值权重对误差较敏感，K 最近点权重对误差不太敏感。综上所述，K 最近点权重是比较理想的基于邻近的权重矩阵。

基于经济权重矩阵，如

$$\omega_{ij} = \begin{cases} \dfrac{1}{|E(y_i) - E(y_j)|} & i \ne j \\ 0 & i = j \end{cases} \tag{4-15}$$

这里 y_i, y_j 分别表示 i, j 地区同一类型的经济变量。由于是同一类型的经济变量，两者通常具有相似的变化趋势，于是令 $y_{i,t} = \alpha + \beta y_{j,t} + \varepsilon$，

$$\omega_{ij} = \begin{cases} \dfrac{1}{std(\varepsilon)} & i \ne j \\ 0 & i = j \end{cases} \tag{4-16}$$

若两个地区该变量相关关系越强，则方程拟合效果越好，残差波动范围越小，于是空间权重系数越大；反之亦然。（张嘉为，陈曦，汪寿阳，2009）

该权重最大的优点是适应性强，在无法了解两地区间该指标间的具体关系时，直接通过已有的两个地区数据的同动程度直接得到相关关系。而由于地理区域关系是不变的，所以基于邻近的空间权重矩阵是固定不变的。而许多经济关系随着经济的发展而不断变化，所以随地区经济关系改变的动态变化的协动空间权重矩阵能更好地度量各地区间相关关系。

（四）相关性检验

如何确定两个地区间是否存在空间相关关系，而这种相关关系究竟是何种权重矩阵形式？

空间计量经济学可以通过检验判断各区域间是否存在空间关系（Anselin L，2000）。主要包括 Moran'sI 检验、正态检验等。Cliff 和 Ord（1981）提出使用 Z 统计方法来检验空间相关系数的显著性，GoodChild（1986）提出标准化的 Z 统计方法来检验空间自相关系数是否显著；Ord 和 Gets（1994）提出使用 t 来检验 G 统计量；Anselin（1992，1995）采用条件模拟方法对局部自相关统计量 LISA 进行检验。

本文利用标准化 Z 统计量进行显著性检验（给定 5% 显著性水平）。统计量如下：

$$Z(I) = \frac{I - E(I)}{\sqrt{D(I)}} \sim N(0,1) \qquad (4\text{-}17)$$

其中　$E(I) = -\frac{1}{n}$ ，　　$D(I) = \frac{n^2\omega_1 - n\omega_2 + 3\omega_0^2}{\omega_0^2(n^2-1)}$ ，　上式中　$\omega_0^2 = \sum_i^n \sum_j^n \omega_{ij}$ ，

$\omega_1 = \frac{1}{2}\sum_i^n \sum_j^n (\omega_{ij} + \omega_{ji})^2$ ，　$\omega_2 = \sum_i^n \sum_j^n (\omega_{i\cdot} + \omega_{\cdot i})^2$ ，　$\omega_{i\cdot}$ 是第 i 行权重之和，$\omega_{\cdot i}$ 是第 i 列权重之和。

第三节　反映权数"空间性"的赋权方法

一、"空间权数"求法：基于空间权重矩阵的探求

由上述介绍可知，空间权重矩阵可定量地表达区域要素之间的空间关系，两个区域之间的相关关系越紧密，空间权重系数越大。

$$W^{(1)} = \begin{bmatrix} \omega_{11}^{(1)} & \omega_{12}^{(1)} & \cdots & \omega_{1n}^{(1)} \\ \omega_{21}^{(1)} & \omega_{22}^{(1)} & \cdots & \omega_{2n}^{(1)} \\ \vdots & \vdots & & \vdots \\ \omega_{n1}^{(1)} & \omega_{n2}^{(1)} & \cdots & \omega_{nn}^{(1)} \end{bmatrix}$$

式中，$W^{(1)}$ 为基于临近的权重矩阵，$\omega_{ij}^{(1)}$ 表示区域 i 与 j 的临近关系，它可以根据邻接标准或距离标准来度量。

空间权重矩阵也表征区域间经济之间的相关关系，两个区域之间的经济相关关系越大，空间权重系数越大。

$$W^{(2)} = \begin{bmatrix} \omega_{11}^{(2)} & \omega_{12}^{(2)} & \cdots & \omega_{1n}^{(2)} \\ \omega_{21}^{(2)} & \omega_{22}^{(2)} & \cdots & \omega_{2n}^{(2)} \\ \vdots & \vdots & & \vdots \\ \omega_{n1}^{(2)} & \omega_{n2}^{(2)} & \cdots & \omega_{nn}^{(2)} \end{bmatrix}$$

式中，$W^{(2)}$ 为基于经济的权重矩阵，$\omega_{ij}^{(2)}$ 表示区域 i 与区域 j 的经济相关关系，它可以根据式（4-15）或式（4-16）来度量。

$W_{ij}^{(k)}, k = 1, 2$ 为区域间的空间权重矩阵，它们表达了区域间的相关关系程度。相关关系越大，$\omega_{ij}^{(k)}, k = 1, 2$ 的值越大。令：

$$\omega_j^{(k)} = \sum_{j=1}^{n} \omega_{ij}^{(k)}, k = 1, 2; j = 1, 2, \cdots, n \tag{4-18}$$

表示所有区域与区域 j 的相关程度之和，它表达了区域 j 对其他区域的影响之和（$\omega_{ii}^{(k)} = 0, k = 1, 2$）。令：

$$\omega_j = \alpha \omega_j^{(1)} + (1 - \alpha) \omega_j^{(2)}, j = 1, 2, \cdots, n \tag{4-19}$$

这里 α 表示基于临近的权重和基于经济的权重的协调因子。$\alpha = \dfrac{1}{2}$ 表示两者同样重要，$\alpha > \dfrac{1}{2}$ 表示基于临近的权重更重要一些；反之，表示基于经济的权重更加重要一些。

$\omega_1 : \omega_2 : \cdots : \omega_j : \cdots : \omega_n$ 表示了每个区域对于其他区域的影响之和的比重，即各个区域之间的"重要性"（注：这种重要性可以理解为该区域对其他区域的重要性）比重大小，将 $\omega_j, j = 1, 2, \cdots, n$ 归一化后的权重 $\tilde{\omega}_j, j = 1, 2, \cdots, n$ 可作为我们提到的"空间权数"，$\tilde{\omega}_j, j = 1, 2, \cdots, n$ 表达了区域之间的重要性

大小，$\omega_j = \sum_{j=1}^{n} \omega_{ij}$ 的值越大，该区域对其他区域的影响越大，说明该区域的重要性越强。这一点充分反映了权数的性质——"重要性"，故可以作为"空间权数"的一种求法。

例子：下图是山东省 17 地市的基于邻近的空间权重矩阵。该空间权重的构造方法采用 0-1 权重矩阵方法，具体结果见图 4-1。

第一步：求出 $\omega_j = \sum_{j=1}^{n} \omega_{ij}$，该权重表示在空间上一区域的重要性大小；

第二步：将其归一化得我们所要求的"空间权数"，这里假定协调因子 $\alpha = 0$，具体结果如下：

$$\tilde{\omega}_1 = \tilde{\omega}_{15} = \frac{4}{63}, \qquad \tilde{\omega}_5 = \tilde{\omega}_{16} = \frac{1}{63}, \qquad \tilde{\omega}_6 = \tilde{\omega}_8 = \tilde{\omega}_{12} = \frac{2}{21}, \qquad \tilde{\omega}_7 = \frac{7}{63},$$

$$\tilde{\omega}_2 = \tilde{\omega}_3 = \tilde{\omega}_4 = \tilde{\omega}_9 = \tilde{\omega}_{10} = \tilde{\omega}_{11} = \tilde{\omega}_{14} = \frac{1}{21}, \qquad \tilde{\omega}_{13} = \frac{5}{63}, \qquad \tilde{\omega}_{17} = \frac{2}{63}。$$

	1	2	3	4	5	6	7	8	9	10	11	12	13	14	15	16	17
1	0	1	1	0	0	0	1	1	0	0	0	0	0	0	0	0	0
2	1	0	0	0	0	0	0	0	1	0	0	0	0	0	0	0	0
3	1	0	0	0	0	0	0	0	0	1	0	0	0	0	0	0	0
4	0	0	0	0	0	1	1	0	1	0	0	0	0	0	0	0	0
5	0	0	0	1	0	0	0	0	0	0	0	0	0	0	0	1	0
6	0	1	0	1	0	0	0	0	0	1	1	1	0	0	0	0	0
7	1	1	0	0	0	0	0	0	0	0	1	1	1	0	0	0	0
8	0	1	0	1	0	0	0	0	0	0	0	1	0	1	0	0	0
9	0	0	0	1	0	0	0	0	0	0	0	0	0	0	0	0	0
10	0	0	0	0	0	1	0	0	0	0	0	1	0	0	0	0	0
11	0	0	0	0	0	1	1	0	0	0	0	1	0	0	0	0	0
12	0	0	0	0	0	1	1	1	0	1	1	0	1	0	0	0	0
13	0	0	0	0	0	0	1	0	0	0	0	1	0	0	0	0	0
14	0	0	0	0	0	0	0	1	0	0	0	0	0	0	0	0	0
15	0	0	0	0	0	0	0	0	0	0	0	1	1	0	0	1	1
16	0	0	0	0	1	0	0	0	0	0	0	0	0	0	1	0	0
17	0	0	0	0	0	0	0	0	0	0	0	0	0	1	1	0	0

图 4-1　山东省 17 地市的二进制连接矩阵（刘旭华，2002）

二、"空间权数"求法——基于区域差异（重视）度的确定方法

如何科学合理地确定空间权重成为此类综合评价问题的关键。空间权数向量 $\omega_j = (\omega_{j1}, \omega_{j2}, \cdots, \omega_{jn_j})^{\mathrm{T}}$（$j = 1, 2, \cdots, n$）表明不同区域的重要程度。可以根据不同的原则，应用主观或客观的赋权方法来确定。首先给出两个公式：

令：

$$I = -\sum_{k=1}^{n_j} \omega_{jk} \ln \omega_{jk} \tag{4-20}$$

为空间权数向量 ω_j 的熵，ω_j 中各分量之间的差异越小，则熵值越大；相反，差异越大，则熵值越小。

令：

$$\lambda_j = \sum_{k=1}^{n_j} \frac{n_j - k}{n_j - 1} \omega_{jk} \tag{4-21}$$

$(j=1,2,\cdots,n)$，表示第 j 个评价对象的"区域差异（重视）度"[①]。

表 4-4　"区域差异重视度"的标度参考表

赋值 $\lambda_j (j=1,2,\cdots,n)$	说明
0.1	非常重视均衡发展的区域数据
0.3	较重视均衡发展的区域数据
0.5	同样重视所有区域的数据
0.7	较重视区域差异大的数据
0.9	非常重视区域差异大的数据
0.2、0.4、0.6、0.8	对应以上两相邻判断的中间情况

例 如 $\omega_{jk} = (1,0,\cdots,0)^{\mathrm{T}}$ 时，$\lambda_j = 1$；$\omega_{jk} = (0,0,\cdots,1)^{\mathrm{T}}$ 时，$\lambda_j = 0$；$\omega_{jk} = \left(\dfrac{1}{n_j}, \dfrac{1}{n_j}, \cdots, \dfrac{1}{n_j}\right)^{\mathrm{T}}$ 时，$\lambda_j = 0.5$。"区域差异重视度" λ_j 的大小体现了算子在集结的过程中对于区域差异大小的重视程度，λ_j 的值越接近 0，表示评价者越注重区域差异大的地区的数据；当 λ_j 的值越接近 1 时，表示评价者越重视区域均衡发展的地区的数据；当 $\lambda_j = 0.5$ 时，表明评价者忽略了区域差异，将各个地区的重视程度看成一致的，没有偏好。

确定空间权数向量 λ_j 的准则为：在事先给出"区域差异重视度" λ_j 的情况下，以尽可能兼顾各指标的重要性，即寻找 $\{\omega_{jk}\}$ 之间差异最小的空间权数向量。这里选用"熵"和"方差"来刻画权分量之间的差异，具体形式为如下的线性规划问题。

---

① 有关区域差异的测度问题，第六章有详细的论述。

$$
\begin{cases}
Max\left(-\sum_{k=1}^{n_j} \omega_{jk} \ln \omega_{jk}\right) \\[2mm]
s.t. \quad \lambda_j = \sum_{k=1}^{n_j} \frac{n_j - k}{n_j - 1}\omega_{jk} \\[2mm]
\sum_{k=1}^{n_j} \omega_{jk} = 1, \omega_{jk} \in [0,1] \\[2mm]
\quad k = 1,2,\cdots,n_j; j = 1,2,\cdots,n
\end{cases}
\tag{4-22}
$$

$$
\begin{cases}
Min\left(\frac{1}{n_j}\sum_{k=1}^{n_j} \omega_{jk}^2 - \frac{1}{n_j^{\,2}}\right) \\[2mm]
s.t. \quad \lambda_j = \sum_{k=1}^{n_j} \frac{n_j - k}{n_j - 1}\omega_{jk} \\[2mm]
\sum_{k=1}^{n_j} \omega_{jk} = 1, \omega_{jk} \in [0,1] \\[2mm]
\quad k = 1,2,\cdots,n_j; j = 1,2,\cdots,n
\end{cases}
\tag{4-23}
$$

这里式（4-22），式（4-23）分别表示熵和方差来刻画的权分量规划问题。

第四节　反映权数"时空性"的赋权方法探讨

对于表 4-3 的多指标时序多区域立体数据表支持的综合评价问题，主要是在研究权数的"空间性"问题基础上，将权数的时序特征考虑进去，从而权数具有时空性。

一、"时空权数"的求法之———基于时序空间权重矩阵的探求

由上述介绍可知，空间权重矩阵可定量地表示区域要素之间的空间关系，两个区域之间的相关关系越紧密，空间权重系数越大。

矩阵 $W^{(1)}$ 为基于邻近的权重矩阵，$\omega_{ij}^{(1)}$ 表示区域 i 与 j 的邻近关系，可以根据邻接标准或距离标准来度量。随着时间的积累，在时刻 $t_k(k=1,2,\cdots,T)$，基于邻近的权重矩阵序列为：

$$W^{(1)}(t_k) = \begin{bmatrix} \omega_{11}^{(1)}(t_k) & \omega_{12}^{(1)}(t_k) & \cdots & \omega_{1n}^{(1)}(t_k) \\ \omega_{21}^{(1)}(t_k) & \omega_{22}^{(1)}(t_k) & \cdots & \omega_{2n}^{(1)}(t_k) \\ \vdots & \vdots & & \vdots \\ \omega_{n1}^{(1)}(t_k) & \omega_{n2}^{(1)}(t_k) & \cdots & \omega_{nn}^{(1)}(t_k) \end{bmatrix}$$

空间权重矩阵也表征区域间的经济之间的相关关系，两个区域之间的经济相关关系越大，空间权重系数越大。式中：$W^{(2)}$ 为基于经济的权重矩阵，$\omega_{ij}^{(2)}$ 表示区域 i 与 j 的经济相关关系，它可以根据式（4-18）或式（4-19）来度量。随着时间的积累，在时刻 $t_k(k=1,2,\cdots,T)$，基于经济的权重矩阵序列为：

$$W^{(2)}(t_k) = \begin{bmatrix} \omega_{11}^{(2)}(t_k) & \omega_{12}^{(2)}(t_k) & \cdots & \omega_{1n}^{(2)}(t_k) \\ \omega_{21}^{(2)}(t_k) & \omega_{22}^{(2)}(t_k) & \cdots & \omega_{2n}^{(2)}(t_k) \\ \vdots & \vdots & & \vdots \\ \omega_{n1}^{(2)}(t_k) & \omega_{n2}^{(2)}(t_k) & \cdots & \omega_{nn}^{(2)}(t_k) \end{bmatrix}$$

这里 $W^{(s)}(t_k), s=1,2; k=1,2,\cdots,T$ 为区域间的空间权重矩阵序列，它们表达了随着时间的推移区域间的相关关系程度的发展情况。在时刻 $t_k(k=1,2,\cdots,T)$，两区域间的相关关系越大，$\omega_{ij}^{(s)}(t_k), s=1,2$ 的值越大。令

$$\omega_j^{(s)}(t_k) = \sum_{j=1}^{n} \omega_{ij}^{(s)}(t_k), s=1,2; j=1,2,\cdots,n \qquad （4\text{-}24）$$

表示在时刻 $t_k(k=1,2,\cdots,T)$ 所有区域与区域 j 的相关程度之和，它表达了区域 j 对其他区域的影响之和（$\omega_{ii}^{(s)}(t_k)=0, s=1,2$）。令

$$\omega_j(t_k) = \alpha\omega_j^{(1)}(t_k) + (1-\alpha)\omega_j^{(2)}(t_k), j=1,2,\cdots,n \qquad （4\text{-}25）$$

这里 α 表示基于邻近的权重和基于经济的权重的协调因子。$\alpha=\dfrac{1}{2}$ 表示两者同样重要，$\alpha>\dfrac{1}{2}$ 表示基于邻近的权重更重要一些；反之，表示基于经济的权重更加重要一些。

在时刻 $t_k(k=1,2,\cdots,T)$ $\omega_1(t_k):\omega_2(t_k):\cdots:\omega_j(t_k):\omega_n(t_k)$ 表示了一区域对其他区域的影响之和的比重大小，将 $\omega_j(t_k), j=1,2,\cdots,n$ 归一化后的权重 $\tilde{\omega}_j(t_k), j=1,2,\cdots,n$ 即可作为我们提到的"空间权数"，$\tilde{\omega}_j(t_k), j=1,2,\cdots,n$ 表达了区域之间的重要性大小，$\tilde{\omega}_j(t_k), j=1,2,\cdots,n$ 的值越大，在时刻 $t_k(k=1,2,\cdots,T)$ 该区域对其他区域的影响越大，说明该区域的重要性越

强。这一点充分反映了权数的性质——"重要性"，故可以作为在时刻 $t_k(k=1,2,\cdots,T)$ "空间权数"的一种求法。但此时"空间权数"随着时间的推移发生着变化，所以该权数具有"时空性"。对 $\tilde{\omega}_j(t_k), j=1,2,\cdots,n$ 进行模拟（如蒙特卡洛法，传统的统计学，ANN（人工神经网络）或 WN（小波网络）），即可得到 $[t_1,t_T]$ 时间段上的权重函数 $\tilde{\omega}_j(t), j=1,2,\cdots,n$。

二、"时空权数"的求法之二——基于动态区域差异度的探讨

对于表 4-3 的多指标时序多区域立体数据表支持的综合评价问题，可以看成由指标、评价对象、区域和时间构成的四维数据组成的。相当于在权数的"空间性"问题基础上推广到具有时序特征的情形。

时间权向量的确定。

时间权向量的熵 I 时间度 λ 的定义式：

$$I_{jk} = -\sum_{p=1}^{T}\omega_{jk}(p)\ln\omega_{jk}(p) \tag{4-26}$$

这里 $k=1,2,\cdots,n_j, j=1,2,\cdots,n$ 表示系统（评价对象）j 的第 k 个区域的时间权向量的熵。

$$\lambda_{jk} = \sum_{p=1}^{T}\frac{T-p}{T-1}\omega_{jk}(p) \tag{4-27}$$

这里 $k=1,2,\cdots,n_j, j=1,2,\cdots,n$ 表示系统（评价对象）j 的第 k 个区域的时间度。在给定时间权向量 $\omega_{jk}=(\omega_{jk}(1),\omega_{jk}(2),\cdots,\omega_{jk}(T))^{\mathrm{T}}$（$k=1,2,\cdots,n_j, j=1,2,\cdots,n$）下，对于式（4-27）而言，权向量 ω_{jk} 中各分量之间的差异越小，则熵值越大；相反，差异越大，则熵值越小。

特别地，当 $\omega_{jk}=(1,0,\cdots,0)^{\mathrm{T}}$ 时，$\lambda_{jk}=1$；$\lambda_{jk}=0$ 时，$\lambda_{jk}=0$；$\omega_{jk}=\left(\dfrac{1}{T},\dfrac{1}{T},\cdots,\dfrac{1}{T},\right)^{\mathrm{T}}$ 时，$\lambda_{jk}=0.5$。"时间度" λ_{jk} 的大小体现了算子在集结的过程中对于时序的重视程度，λ_{jk} 的值越接近 0，表示评价者越注重评价时刻 t_T 较近的数据；当 λ_{jk} 的值越接近 1 时，表示评价者越重视注重评价时刻 t_T 较远的数据；当 $\lambda_{jk}=0.5$ 时，表明评价者对各个时间段的重视程度相同，没有特殊偏好。

表 4-5 "时间度"的标度参考表

赋 值 $\lambda_{jk}(j=1,2,\cdots,n;k=1,2,\cdots,n_j)$	说 明
0.1	非常重视近期数据
0.3	较重视近期数据
0.5	同样重视所有期的数据
0.7	较重视远期数据
0.9	非常重视远期数据
0.2，0.4，0.6，0.8	对应以上两相邻判断的中间情况

确定 $\omega_{jk}(p)$ $(p=1,2,\cdots,T)$ 的原则：在事先给定"时间度" λ_{jk} 的情况下，以尽可能从兼顾各指标的重要性，即寻找使 $\{\omega_{jk}(p)\}$ $(p=1,2,\cdots,T)$ 之间的差异，即有如下的非线性规划问题：

$$
\begin{cases}
Max\left(-\sum_{p=1}^{T}\omega_{jk}(p)\ln\omega_{jk}(p)\right) \\
s.t. \quad \lambda_{jk}=\sum_{p=1}^{T}\dfrac{T-p}{T-1}\omega_{jk}(p) \\
\sum_{p=1}^{T}\omega_{jk}(p)=1,\omega_{jk}(p)\in[0,1] \\
p=1,2,\cdots,T;k=1,2,\cdots,n_j;j=1,2,\cdots,n
\end{cases}
\tag{4-28}
$$

或

$$
\begin{cases}
Min\left(\dfrac{1}{T}\sum_{p=1}^{T}\omega_{jk}^2(p)-\dfrac{1}{T^2}\right) \\
s.t. \quad \lambda_{jk}=\sum_{p=1}^{T}\dfrac{T-p}{T-1}\omega_{jk}(p) \\
\sum_{p=1}^{T}\omega_{jk}(p)=1,\omega_{jk}(p)\in[0,1] \\
p=1,2,\cdots,T;k=1,2,\cdots,n_j;j=1,2,\cdots,n
\end{cases}
\tag{4-29}
$$

对于 $\omega_j=(\omega_{j1},\omega_{j2},\cdots,\omega_{jn_j})^{\mathrm{T}}$ 中各分量 $\omega_{jk}(k=1,2,\cdots,n_j;j=1,2,\cdots,n)$ 的确定由式（4-22）和式（4-23）确定。

本章小结

本章针对函数型数据综合评价的指标数据为离散状态时，指标权数的赋权方法进行了详细的研究。

指标权数的确定是综合评价的重要过程，本章从"权数的性质"这个角度出发，详细阐述权数具有"重要性""模糊性""主观性"和"时序性"。在此基础上，首次提出权数具有"空间性"和"时空性"。并首次尝试将空间统计学的相关理论应用于空间权数的赋权中来，提出了基于空间权重矩阵的赋权法和"区域差异（重视）度"的概念，将一般的指标赋权中加入了区域差异因素，并提出了相应的规划方法求解反映"空间性"的权数。

在上述"空间性"赋权理论的基础上将其动态化，即将时序因素考虑进去，提出权数具有"时空性"。基于动态空间权数矩阵，提出时空权数的赋权方法。将"时间度"纳入空间权数求解体系，并提出了相应的规划方法求解空间权数。

第五章 函数指标的权数确定方法及权数的函数性质

第一节 函数指标的权数确定方法

一、引言

运用多个指标对多个参评单位进行评价的方法，称为多变量综合评价方法，或简称综合评价方法。其基本思想是将多个指标转化为一个能够反映综合情况的指标来进行评价。在传统的综合评价中，数据格式都是以点值的形式来表现的。但由综合评价的过程看，经常需要对多元数据进行多元数据分析（MDA）。随着现代信息技术的发展，人们获取和存储数据的能力得到了极大提高，使得现代的数据收集技术所收集的信息不但包括传统统计方法所处理的数据，许多科研领域还涌现了大量形式各异的复杂类型的数据集。

对于多指标综合评价问题，吸引了众多不同背景研究人员的加入，新的评价方法与评价思想层出不穷。然而，这些评价方法虽然有着自身显著的优点，但所处理的数据主要是横截面数据和时间序列数据。随着时间的发展和数据的积累，人们开始拥有将横截面数据与时间序列数据融合在一起的数据，它具有函数的特性，称为函数型数据。目前国内外的研究主要是以连续平滑的函数曲线表示的函数型数据，它将多个样本连续的或离散的观测值视为函数的变量，具有多重可积分性和正则性（或平滑性），而将实际操作中收集到的样本的离散观测值视为该函数带有噪声的离散实现。与横截面数据或时间序列数据相比，函数型数据能够提供更多的信息。

一切社会现象都处于不断地变化和发展之中，在不同的时点上评价对象具有不同的特性，要求评价过程具有动态化的视角。例如满意度调查、现代化、市场化等此类评价。另外，为加强管理也要对现象进行连续的观察。当时间点足够密集时，对于社会科学现象的发展均可基于函数视角去研究。

二、多指标函数型数据下的权数研究

（一）多指标函数型数据综合评价的定义

设有 n 个被评价对象（或系统）$s_1, s_2, \cdots, s_n$，m 个评价指标 $\tilde{X}_1(t), \tilde{X}_2(t), \cdots, \tilde{X}_m(t)$，且在时间区间 $T = [t_1, t_J]$ 内获得函数型数据 $\tilde{x}_{i1}(t), \tilde{x}_{i2}(t), \cdots, \tilde{x}_{im}(t)$，$i = 1, 2, \cdots, n$，它们均为时间 t 的函数。当我们对 n 个被评价对象（或系统）进行评价时，可形成如下数据表。

表 5-1　多指标函数型数据表

指标 系统	$\tilde{X}_1(t)$	$\tilde{X}_2(t)$	$\cdots$	$\tilde{X}_m(t)$
s_1	$\tilde{x}_{11}(t)$	$\tilde{x}_{12}(t)$	$\cdots$	$\tilde{x}_{1m}(t)$
s_2	$\tilde{x}_{21}(t)$	$\tilde{x}_{22}(t)$	$\cdots$	$\tilde{x}_{2m}(t)$
$\cdots$	$\cdots$	$\cdots$	$\cdots$	$\cdots$
s_n	$\tilde{x}_{n1}(t)$	$\tilde{x}_{n2}(t)$	$\cdots$	$\tilde{x}_{nm}(t)$

定义 5-1：由多指标函数型数据表支持的综合评价问题，称为函数型数据综合评价，一般表现形式为：

$$y_i(t) = F(\omega_1(t), \omega_2(t), \cdots, \omega_n(t); \tilde{x}_{i1}(t), \tilde{x}_{i2}(t), \cdots, \tilde{x}_{in}(t)), t \in T$$

$y_i(t)$ 为 s_i 在时间区间 T 内的综合评价函数，当 T 为离散点的集合时，即为动态综合评价；当 T 退化为一点时，即为静态综合评价。

对于函数型数据 $\{\tilde{x}_{ij}(t)\}$（$i = 1, 2, \cdots, n$；$j = 1, 2, \cdots, m$；$t \in T = [t_1, t_J]$），实际中我们观察到的数据往往是离散的观测点。因此在进行函数型数据分析之前，需要对其进行预处理。首先要对观测数据进行平滑，将离散的观测数据转化为函数。通过基函数的形式来构建函数，设 $\tilde{x}_{ij}(t) = c^{ijT}\varphi_j(t)$，这里 $c^{ijT} = (c_1^{ij}, c_2^{ij}, \cdots c_{K_j}^{ij})$，$\varphi_j(t)$ 为 K_j 维基函数列向量。假定离散的数据函数化之前，经过一致无量纲化处理，且评价指标的离散数据均是极大型指标。

（二）多指标函数型数据下指标权重的求法

综合评价的核心是评价指标在不同时刻的权数的确定问题。如何合理充分地利用表 5-1 中多指标函数型数据表的信息，去确定权数，进而对评价对象（系统）$s_1, s_2, \cdots, s_n$ 在时间区间 $T = [t_1, t_J]$ 内的发展情况进行客观的评价或排序，是函数型数据综合评价要研究的主要问题。

1. 传统的权数确定方法介绍

评价中的权数确定方法有很多，其中拉开档次法（郭亚军，1996）是一种非常有效的客观的科学方法。郭亚军做了深入的研究，该方法确定权数的原则是尽可能大地去体现传统的静态综合评价中多个评价对象（系统）在一个点上的差异。该差异大小由 $\sigma^2 = \sum_{i=1}^{n}(y_i - \overline{y})^2$ 来刻画，y_i 表示第 i（$i = 1, 2, \cdots, n$）个评价对象（系统）在该时间点的评价值，$\overline{y}$ 表示 n 个评价对象（系统）的评价值的均值。σ^2 越大，则 n 个评价对象（系统）之间的差异越大，当 σ^2 取值最大时得到的权数值便可以作为 n 个评价对象（系统）在该时间点的权数，该权数确定方法被称为拉开档次法。

随着时间的发展和数据的积累，人们开始拥有大量的按时间顺序排列的平面数据表序列，称为"时序立体数据表"（郭亚军，2002）。由时序立体数据表支持的综合评价问题，在不同的时点上研究对象（系统）具有不同的性质，（参数值是动态的）定义这类评价问题为动态综合评价问题。郭亚军在"拉开档次法"的基础上提出了"'纵横向'拉开档次法"去确定权数。权数的确定原则为在时序立体数据表上最大可能地体现出各被评价对象之间的差异。该差异大小由 $s_1, s_2, \cdots, s_n$ 在时序立体数据表 $\{x_{ij}(t_k)\}$ 上的整体差异决定，故用 $y_i(t_k)$ 的总离差平方和 $\sigma^2 = \sum_{k=1}^{N}\sum_{i=1}^{n}(y_i(t_k) - \overline{y})^2$ 来刻画，$y_i(t_k) = \omega_1 x_{i1}(t_k) + \omega_2 x_{i2}(t_k) + \cdots + \omega_m x_{im}(t_k)$，$i = 1, 2, \cdots, n$；$k = 1, 2, \cdots, N$ 表示第 i 个评价对象（系统）在时刻 t_k 的综合评价函数，该方法直接利用了"时序立体数据表"进行了动态评价。σ^2 越大，则 n 个评价对象（系统）之间的整体差异就越大，当 σ^2 取值最大时得到的权数值便可以作为 n 个评价对象（系统）在该时间段 $t_1, t_2, \cdots, t_N$ 的权数，该权数确定方法被称为"纵横向"拉开档次法。

拉开档次法是针对静态综合评价问题而提出的一种确定权数方法，"纵横向"拉开档次法是针对动态综合评价问题而提出的一种确定权数方法。对于函数型数据综合评价问题，需要发展新的方法去确定权数。本书在"纵横向"拉开档次法的基础上提出新的确定权数方法——"全局"拉开档次法，具体方法介绍如下。

2. "全局"拉开档次法 [①]

对于函数型综合评价，取综合评价函数为：

$$y_i(t) = \omega_1 \tilde{x}_{i1}(t) + \omega_2 \tilde{x}_{i2}(t) + \cdots + \omega_m \tilde{x}_{im}(t) , \quad i = 1, 2, \cdots, n , \quad t \in T = [t_1, t_J] \quad （5\text{-}1）$$

此时"纵横向"拉开档次法不再适合函数型综合评价问题，需要发展新的方法去确定权数，本书提出新的确定权数方法——"全局"拉开档次法，具体原理如下：

确定 $W = (\omega_1, \omega_2, \cdots, \omega_m)^T$ 的原则是，基于函数型数据表尽可能大地体现评价对象（系统）之间的差异。该差异大小由 $s_1, s_2, \cdots, s_n$ 在函数型数据表 $\{\tilde{x}_{ij}(t)\}$ （ $i = 1, 2, \cdots, n$ ； $j = 1, 2, \cdots, m$ ； $t \in T = [t_1, t_J]$ ）上的整体差异决定，故用 $y_i(t)$ 的总离差平方和 $\sigma^2 = \int_T \{\sum_{i=1}^n (y_i(t) - \bar{y})^2\} dt$ 来刻画。由于原始数据经过无量纲化处理，则有：

$$\sigma^2 = \int_T \{\sum_{i=1}^n (y_i(t))^2\} dt = \int_T W^T H(t) W \, dt \quad （5\text{-}2）$$

这里 $H(t) = X(t)^T X(t)$ ，矩阵函数 $X(t) = \{\tilde{x}_{ij}(t)\}$ $i = 1, 2, \cdots, n$ ； $j = 1, 2, \cdots, m$ 。

由于所有指标的所有样本可以使用不相同的基函数和不相同的平滑参数 λ 。不失一般性，本书采取所有指标的所有样本使用相同的基函数和不相同的平滑参数 λ 的原则，经由粗糙惩罚方式构建的多指标函数型数据表在基函数下的表示形式为：

$$X(t) = C^T \Phi(t)$$

$$= \begin{bmatrix} c^{11T} & c^{12T} & \cdots & c^{1mT} \\ c^{21T} & c^{22T} & \cdots & c^{2mT} \\ \vdots & \vdots & \cdots & \vdots \\ c^{n1T} & c^{n2T} & \cdots & c^{nmT} \end{bmatrix} \begin{bmatrix} \varphi_1(t) & & & \\ & \varphi_2(t) & & \\ & & \ddots & \\ & & & \varphi_m(t) \end{bmatrix} \quad （5\text{-}3）$$

$$= \begin{bmatrix} \tilde{X}_1(t), \tilde{X}_2(t), \cdots, \tilde{X}_m(t) \end{bmatrix}$$

$\tilde{X}_j(t) = \begin{bmatrix} c^{1jT}\varphi_j, c^{2jT}\varphi_j, \cdots, c^{njT}\varphi_j \end{bmatrix}^T$ 表示第 j 个指标函数， $\varphi_j(t)$ 为第 j 个指标函数所基于的 K_j 维基函数列向量， $j = 1, 2, \cdots, m$ 。 C^T 为 $n \times \sum_{j=1}^m K_j$ 阶复合系数

---

① 苏为华、孙利荣、崔峰：《一种基于函数型数据的综合评价方法研究》，《统计研究》2013 年第 2 期，第 88—94 页。

矩阵，K_j，$j=1,2,\cdots,m$ 为各指标函数的基函数 $\varphi_j(t)$ 所包含的基函数个数，$\Phi(t)$ 为 $\sum\limits_{j=1}^{m} K_j \times m$ 阶复合矩阵基函数。

从式（5-3）可得，当所有指标的所有样本使用相同的基函数时，$\varphi_1(t) = \varphi_2(t) = \cdots = \varphi_m(t) = \varphi(t)$。故基于函数型数据表下，评价对象（系统）$y_i(t)$ 的总离差平方和为：

$$
\begin{aligned}
\sigma^2 &= \int_T W^{\mathrm{T}} H(t) W \, dt \\
&= W^{\mathrm{T}} \{ \int_T \Phi(t)^{\mathrm{T}} H_C \Phi(t) dt \} W \\
&= W^{\mathrm{T}} \{ \int_T \Phi(t)^{\mathrm{T}} CC^{\mathrm{T}} \Phi(t) dt \} W \\
&= W^{\mathrm{T}} HW
\end{aligned}
\tag{5-4}
$$

这里 $H_C = CC^{\mathrm{T}}$ 为 $\sum\limits_{j=1}^{m} K_j \times \sum\limits_{j=1}^{m} K_j$ 阶对称阵，且 $H = \int_T \Phi(t)^{\mathrm{T}} CC^{\mathrm{T}} \Phi(t) dt$ 为 m 维对称矩阵。

$$
H = \int_T \Phi(t)^{\mathrm{T}} H_c \Phi(t) dt \quad = \left[\int_T \varphi_i^{\mathrm{T}} c_i c_j^{\mathrm{T}} \varphi_j dt \right]_{i,j=1,2\cdots,m}
\tag{5-5}
$$

这里

$$
C = (c_1, c_2, \cdots, c_m)^{\mathrm{T}}, \quad C^{\mathrm{T}} = (c_1^{\mathrm{T}}, c_2^{\mathrm{T}}, \cdots, c_m^{\mathrm{T}}), \quad H_C = \begin{bmatrix} c_1 c_1^{\mathrm{T}} & c_1 c_2^{\mathrm{T}} \cdots & c_1 c_m^{\mathrm{T}} \\ c_2 c_1^{\mathrm{T}} & c_2 c_2^{\mathrm{T}} \cdots & c_2 c_m^{\mathrm{T}} \\ \cdots & \cdots & \cdots \\ c_m c_1^{\mathrm{T}} & c_m c_2^{\mathrm{T}} & \cdots c_m c_m^{\mathrm{T}} \end{bmatrix},
$$

$c_j = (c^{1j}, c^{2j}, \cdots c^{nj})$，$c^{ij\mathrm{T}}$ 为函数 $\tilde{x}_{ij}(t)$ 关于基向量 $\varphi_j(t)$ 的系数向量，$j=1,2,\cdots,m$。

定理 5-1：取 W 为矩阵 H 的最大特征值所对应的特征向量时，σ^2 取最大值。

注：如果所求的 W 中的某个分量是负的（习惯上希望权数为正值），那么只能以降低评价系统之间的整体差异为代价，将 W 由下面的线性规划问题解出。具体形式如下：

$$\begin{cases} \text{Max} \quad W^{\mathrm{T}}HW \\ s.t. \quad \|W\|=1 \\ \quad\quad W>0 \end{cases} \tag{5-6}$$

证明：将式（5-6）写成瑞利（Rayleigh）商：

$$s(\omega)=\frac{\omega^{\mathrm{T}}H\omega}{\omega^{\mathrm{T}}\omega}, \quad \omega^{\mathrm{T}}\omega=1 \tag{5-7}$$

又 H 为实对称阵，存在正交矩阵 Q，有 $Q^{\mathrm{T}}HQ=\Lambda$，Λ 是以 H 的特征值为对角元素的对角阵，即

$$\Lambda=\begin{bmatrix} \lambda_1 & & \\ & \ddots & \\ & & \lambda_m \end{bmatrix} \tag{5-8}$$

$Q^{\mathrm{T}}=Q$，令 $\omega=Qy$，则式（5-7）变为：

$$s(\omega)=\frac{(Qy)^{\mathrm{T}}H(Qy)}{(Qy)^{\mathrm{T}}(Qy)}=\frac{y^{\mathrm{T}}\Lambda y}{\sum\limits_{i=1}^{m}y_i^2} \tag{5-9}$$

即有

$$\max\{s(\omega)\}=\max\{\omega^{\mathrm{T}}H\omega\}=\lambda_{\max} \tag{5-10}$$

故定理得证。

本书针对函数型数据综合评价问题，提出了一种基于指标为函数的基础上，新的确定权数方法——"全局"拉开档次法。该方法具体步骤为：

（1）将指标数据进行一致无量纲化处理，即先化为极大型指标，然后进行无量纲化；

（2）将一致无量纲化后的数据进行拟合，利用留一广义交叉验证方法将评价对象的几个指标函数分别利用基函数（这里采用 B 样条基）表示；

（3）利用 Matlab 编程求出矩阵 $H=\int\limits_{T}\Phi(t)^{\mathrm{T}}CC^{\mathrm{T}}\Phi(t)dt$；

（4）求出 H 的最大特征值所对应的特征向量，即为我们要求的权数 W；若 W 有分量为负值，则转为下步；

（5）求出基于优化问题：
$$
\begin{cases}
Max & W^{\mathrm{T}}HW \\
s.t. & \|W\|=1 \\
& W>0
\end{cases}
$$
下的 W，将其归一化后即是权

数 W，这里范数 $\|\cdot\|$ 可以取 p 阶（$p \geqslant 2$）的范数。

3. 实证研究

义乌小商品市场景气指数是用来综合反映义乌小商品市场规模、效益、信心、人气等繁荣、活跃程度的指数。它是按多指标综合评价理论，对市场规模指数、市场效益指数和市场信心指数加权合成的综合评价指数。景气指数的基点为 1000，规模指数上升，表明市场进一步发展；效益指数上升，表明商品经济效益增长；信心指数上升，表明市场经营户信心增强。景气指数上升，则表明市场更加繁荣。

本文从义乌·中国小商品指数网站（http：//www. ywindex. com）上，搜集了 2006 年 9 月—2012 年 1 月间，四类商品（s_1 日用品类、s_2 服装服饰类、s_3 工艺品类和 s_4 电子电器类）的市场规模指数、市场效益指数和市场信心指数数据。这四类商品作为我们的评价对象，市场规模指数、市场效益指数和市场信心指数作为该评价对象共同的指标，它们都是极大型指标。该指标体系中的指标在 2006 年 9 月—2012 年 1 月间，函数性质很明显，可以将指标作为函数去处理。为了比较这四类商品的景气指数，需要对该指标体系进行赋权，而景气指数的分项指标权重采用专家赋权法确定（蒋剑辉、苏为华，2007），所以该权重在一段时间相对稳定，也符合本书提出的"全局"拉开档次法中的权数特点。按照上述方法所提供的步骤，通过 Matlab 编程后得到矩阵如下：

$$
H = \begin{pmatrix}
237.9571 & 17.7261 & 125.6757 \\
17.7261 & 224.3466 & -59.6114 \\
125.6757 & -59.6114 & 224.6764
\end{pmatrix}
$$，将 H 代入优化问题：

$$
\begin{cases}
Max & W^{\mathrm{T}}HW \\
s.t. & \|W\|=1 \\
& W>0
\end{cases}
$$
得到：$\omega = (0.8682, 0.6765, 0.8174)^{\mathrm{T}}$，将其归一化得：

$\omega = (0.3676, 0.2864, 0.3460)^{\mathrm{T}}$，即为要求的权重。进一步将所求权数代入评价模型 $y_i(t) = \omega_1 x_{i1}(t) + \omega_2 x_{i2}(t) + \cdots + \omega_m x_{im}(t)$，得到评价函数：

$$
y_i(t) = 0.3676 X_{I1}(t) + 0.2864 x_{i2} + 0.3460 x_{i3}(t) \quad i=1,2,3,4
$$

这里 $x_{i1}(t)$、$x_{i2}(t)$、$x_{i3}(t)$，$i=1,2,3,4$ 分别表示第 i 类商品的规模指数函数、效益指数函数和市场信心指数函数。$i=1$ 时，表示日用品类商品；$i=2$ 时，表示服装服饰类商品；$i=3$ 时，表示工艺品类；$i=4$ 时，表示电子电器类商品。评价函数结果，见图 5-1。

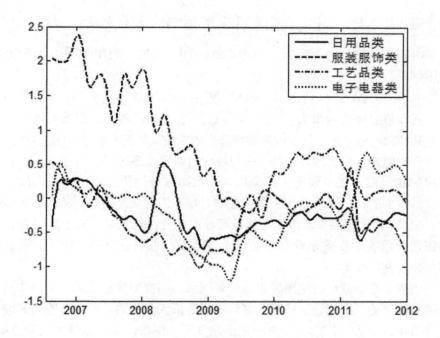

图 5-1　四类评价对象的评价函数

　　本书研究的函数型数据综合评价问题，最终评价结果为一个函数形式。在 $T=[t_1,t_T]$ 内，不同的时间段对于总的评价函数的"重要性"往往是不同的，比如最简单的分法：过去和现在。实际中我们往往更加"重视"现在的评价结果，所以该时间段的权数取得相对大些，而过去的权数相对小些。假设根据需要将 $[t_1,t_T]$ 分成不同的时间段，不妨设为 N 段，每一段的权重为 $\omega^{(i)}$，$\sum_{i=1}^{N}\omega^{(i)}=1$，$i=1,2,\cdots,N$。系统 $s_1,s_2,\cdots,s_n$ 的排序也可以由 $[t_1,t_T]$ 内的加权平均数来确定，具体形式如下：

$$h_j=\frac{1}{T}\sum_{i=1}^{N}\omega^{(i)}\int_{T_i}y_j(t)dt\ j=1,2,\cdots,n$$

特别地，若 $\omega^{(i)}$ 取值相同，此时 $h_j = \frac{1}{T}\int_T y_j(t)dt$ 即为 $[t_1, t_T]$ 时间段的平均值。

从上图可以看出，四个评价函数是相交形式，为简单起见，假定本书的评价函数忽略时间权数，取 $\bar{y}_i = \frac{1}{T}\int_T y_i(t)dt$，表示评价对象 s_i（$i=1,2,3,4$）在 T 时间段的平均景气程度，作为最终的评价标准。利用 Matlab 编程得到如下结果：

$$\bar{y}_1 = -0.2405 \quad \bar{y}_2 = 0.5558 \quad \bar{y}_3 = -0.0823 \quad \bar{y}_4 = -0.1741$$

所以最终评价结果为 $s_2 > s_3 > s_4 > s_1$，（s_1 日用品类、s_2 服装服饰类、s_3 工艺品类和 s_4 电子电器类）即服装服饰类的平均景气程度超过其他三类商品。

作为综合评价的最终目的——对被评价对象或系统进行排序或分类，本书写到这里就该告一段落，但是作为函数型综合评价，它的任务远没有完成。函数型的评价结果在实际中往往有它特殊的含义。例如，义乌小商品指数，消费者物价指数（CPI）等就是函数型综合评价结果，对于这些综合排序指数的函数型数据分析（FDA），为职能部门制订政策提供相应的理论依据显得尤为重要。

函数型数据分析的主要思想是将观测到的函数型数据看成一个整体而非个体观测值的一个集合，从而与多元数据分析大不相同。函数型数据的进一步分析可以分为：探索性分析和实证性分析。探索性分析包括主成分分析、聚类分析、典型相关分析等，实证分析包括函数线性模型等。其中，函数型主成分分析可以研究多个函数之间的联动性变动，探索数据集中少数几种最具影响或重要的变化模式，找出代表每个曲线的典型变化模式。函数型聚类分析用来挖掘函数型数据集中潜在的类结构，将分析对象组成由类似对象组成的多个类过程，使类内的对象具有相似的某种曲线变化模式，类间的对象具有相异的某种曲线变化模式。函数型典型相关分析用来探索两组相关曲线之间变化的关联形式，并可将这种思想用于最优得分和分类问题的研究。函数型线性模型是用一个或多个变量的变化去解释另一个函数的变化模式。本章限于篇幅不再对评价函数做进一步研究，对于评价函数的分析将在最后一章给出。

4. 方法比较

假定实际中有如下时序立体数据表，为了节约篇幅，这里略去算例的背景。

表 5-2　多指标时序立体数据表

I T S	x_1 $t_1\, t_2\, t_3\, t_4$	x_2 $t_1\, t_2\, t_3\, t_4$	x_3 $t_1\, t_2\, t_3\, t_4$	x_4 $t_1\, t_2\, t_3\, t_4$
s_1	60.68 70 75	1010.1080 1100 1150	0.70 0.70 0.75 0.80	16.19 19 21
s_2	68.73 75 77	1040.1090 1160 1180	0.73 0.75 0.77 0.82	17.17 17 22
s_3	70.76 80 80	1085.1125 1195 1205	0.75 0.78 0.78 0.80	18.19 22 24
s_4	75.79 79 85	1100.1160 1170 1250	0.73 0.80 0.80 0.83	20.22 21 25
s_5	70.75 81 84	1130.1200 1200 1260	0.75 0.82 0.82 0.85	23.20 20 26

注：I 表示评价指标，T 表示时刻，S 表示评价对象（系统）。数据来源：郭亚军《综合评价理论、方法及应用》，科学出版社 2007 年版。

　　将上述数据进行指标类型一致化、无量纲的标准化处理后，代入函数型综合评价模型中得到对称矩阵：$H = \int_T \Phi(t)^{\mathrm{T}} H_c \Phi(t)\,\mathrm{d}t = \left[\int_T \phi_i^{\mathrm{T}} c_i c_j^{\mathrm{T}} \phi_j \,\mathrm{d}t \right]_{i,j=1,2\cdots,m}$

后，将 H 代入优化问题：

$$\begin{cases} Max \quad W^{\mathrm{T}} H W \\ s.t. \quad \|W\| = 1 \\ \quad\quad W > 0 \end{cases}$$

得到归一化的权重系数向量为：

$\omega = (0.2527, 0.2524, 0.2526, 0.2423)^{\mathrm{T}}$，即为要求的权重。将权数代入评价模型 $y_i(t) = \omega_1 x_{i1}(t) + \omega_2 x_{i2}(t) + \omega_3 x_{i3}(t) + \omega_4 x_{i4}(t)$，$i = 1, 2, 3, 4$；得到评价函数形式为下图：

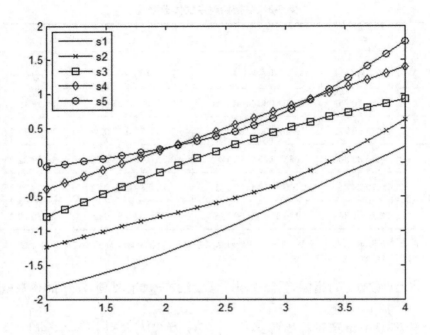

图 5-2　五类评价对象的评价函数

评价函数 $y_1(t)$ 在 t_1,t_2,t_3,t_4 四个时刻的评价取值分别为 -0.9108，-1.3195，-0.5728，0.2275；$y_2(t)$ 在 t_1,t_2,t_3,t_4 四个时刻的评价取值分别为 -0.4676，-0.7704，-0.2821，0.6270；$y_3(t)$ 在 t_1,t_2,t_3,t_4 四个时刻的评价取值分别为 0.1582，-0.1092，0.4916，0.9266；$y_4(t)$ 在 t_1,t_2,t_3,t_4 四个时刻的评价取值分别为 0.5025，0.2036，0.8014，1.3994；$y_5(t)$ 在 t_1,t_2,t_3,t_4 四个时刻的评价取值分别为 0.5739，0.2097，0.7352，1.7713。

表 5-3　按不同方法的权数结果比较

指标	x_1	x_2	x_3	x_4	备　注
权数	0.2565	0.2655	0.2473	0.2306	"纵横向"拉开档次法
	0.2527	0.2524	0.2526	0.2423	"全局"拉开档次法

表 5-4　{si} 在不同时刻按不同方法的排序结果对比 [1]

tk	{s_i} 的排序	
	"纵横向"拉开档次法	"全局"拉开档次法
t_1	$s_1 < s_2 < s_3 < s_4 < s_5$	$s_1 < s_2 < s_3 < s_4 < s_5$
t_2	$s_1 < s_2 < s_3 < s_5 < s_4$	$s_1 < s_2 < s_3 < s_5 < s_4$
t_3	$s_1 < s_2 < s_4 < s_3 < s_5$	$s_1 < s_2 < s_3 < s_5 < s_4$
t_4	$s_1 < s_2 < s_3 < s_4 < s_5$	$s_1 < s_2 < s_3 < s_5 < s_4$

从最大限度地体现出各被评价对象（系统）之间差异的角度来看，"纵横向"拉开档次法是基于动态时序数据表，使指标权数的确定能尽量将被评价对象在纵向和横向同时拉开档次，而本文提出的"全局"拉开档次法则是基于多元函数型数据表，使指标权数的确定能尽量将被评价对象从一段时间区间整体上去拉开档次。从表 5-3 可以看出，两种方法得到的不同指标权数相对变化在 1%～5% 之间波动。从表 5-4 可以看出"全局"拉开档次法与"纵横向"拉开档次法得到的关于 {s_i} 的排序在不同时刻，结果不全相同。除此之外，从图 5-2 我们可以看到五个评价对象的评价函数在该时间段的运行状况，比如在整个时间段的任意时刻始终有 $s_1 < s_2 < s_3 < s_4$，且 $s_1 < s_2 < s_3 < s_4 < s_5$。$s_4$ 先小于 s_5，经过一段时间的发展后超过 s_5，最后又落后于 s_5 的动态发展过程。而这些信息并不能从其他传统的评价方法中得到。

5. 结论

本节针对函数型综合评价问题，提出了一种新的基于指标为函数的条件下，确定权数的方法。该方法具有以下特点：

（1）任何简单的评价办法，都是以找到一个区分先后的序列为目标，所以该方法原理简单，且具有明确的直观意义和几何意义；

（2）从函数的整体去体现评价对象（系统）之间的差异，具体某个时刻 t，则在"横向"体现评价对象（系统）之间的差异，从 t 的整体取值看，则又在"全局"体现了各个评价对象（系统）之间发展情况；

（3）无论是具体某个时刻 t，还是从 t 的整体取值看，其综合评价的结

---

① "纵横向"拉开档次法的结果见郭亚军：《综合评价理论、方法及应用》，科学出版社 2007 年版，第 116 页。

果都具有可比性，没有丝毫的主观色彩；

（4）虽然权数本身不显含 t，但与 t 却有隐式的关系，它表达了 t 取值一段时期时，指标函数之间的"重要性差异"大小；

（5）利用 Matlab 编程，将"全局"拉开档次法的具体步骤模式化，使得计算量大大减少，实际问题具有很高的可操作性。

（6）基于函数型数据表进行综合评价，非常符合综合评价的实际。

第二节　指标权数的函数性质及权函数生成方法 ①

一、权数具有"函数性"

（一）随机过程与样本函数

给定概率空间 (Ω, F, P) 和指标集 $T \subset (-\infty, \infty)$，若对于每个 $e \in \Omega$ 和 $t \in T$ 都有一个定义在概率空间上的随机变量 $X(e, t)$ 与之对应，称依赖于参数 t 的随机变量 $\{X(e, t), t \in T\}$ 为随机过程，简记为 $\{X(t), t \in T\}$。一个随机过程就是一组随机变量 $\{X(t)\}$，它的指标集可以是离散序列，也可以是有限或者无限区间，T 中有多少个元素，$\{X(t), t \in T\}$ 就有多少个随机变量。随机过程又是一族样本函数，对于每个 $e \in \Omega$ 对应一个样本函数，Ω 中有多少个元素，随机过程就有多少个样本函数。

在数理统计中，我们用随机变量 X 的观测值来研究它。同样，如果我们想要知道一个随机过程的性质，我们也可以通过它的观测函数（或者观测曲线）来研究它。也就是说，我们把观测到的一个完整过程作为该随机过程的样本，称为样本函数。本质上，我们把随机过程作为无穷维随机变量来研究。例如基金的折价率随时间的变化规律是一个随机过程，6 只基金的折价率由离散观测数据之后，得到的拟合函数则代表了 6 个样本函数。

更进一步地，指标集 t 可以代表不同的物理意义，如时间、地点、事件或其他各种数据特征等等，可以是一元或多元函数（Ramsay，2005）。

（二）权数的函数性

通过前面的研究发现，权数这个用来表征不同指标（或对象）在不同情况下所反映的性质（例如前面描述过的重要性、模糊性、时序性、主观性、

---

① 孙利荣、崔峰：《综合评价中权数的函数性质及其生成研究》，《数学的实践与认识》2014 年 44 卷第 8 期，第 54—62 页。

空间性、时空性等）的变量，主要有以下几种情况。

1. 定权或期权

当指标（或对象）在一段时间内所反映出来的性质相对稳定，那么此时权数 $\omega(t)$ 为一常数，即我们常说的定权，这种权数反映了综合评价中的指标（或对象）在一段时期的性质，将这段时期指标的数据作为一个函数去研究，从整体上去挖掘指标的差异性，例如"纵横向"拉开档次法[①] 以及笔者提出的"全局"拉开档次法得到的权数更能够反映此类权数的性质。

2. 变权或点权

由时序立体数据表支持的综合评价问题——动态综合评价问题，随着现象发展阶段的不同，这类具有"时序性"的权数若在不同的时间段，反映的指标（对象）的性质是不同的，那么权数为 t 的函数，t 代表时间。由多指标多区域立体数据表支持的综合评价问题——区域综合评价问题，随着区域的变化，这类具有"空间性"的权数，若此时反映的指标（对象）的性质是不同的，那么权数为 s 的函数，s 代表区域（地点）。由多指标时空立体数据表支持的综合评价问题——动态区域综合评价，随着时间、区域的双重变化，这类具有"时空性"的权数，若此时反映的指标（对象）的性质是不同的，那么权数为 t、s 的二元函数，t、s 分别代表时间、区域（地点）。

在函数型数据的情况下，若权数也是连续的取值，则此时关于指标的权数 $\omega(t)$ $t \in T$ 可以看成是随机过程，当 t（可以代表时间，也可以代表区域，可以是离散的序列，也可以是有限或者无限区间，可以是一元的，也可以是多元的）固定时，$\omega(t)$ 是离散的随机变量，取值为不同指标（或对象）的权数值。而对于不同的指标，权数为 t 的函数。因为实际中，我们把观测到的一个完整过程作为一个随机过程的样本，即样本函数。所以对于 m 个评价指标，$\omega(t)$ 有 m 个样本函数。而权函数的观测值不能直接观测，只能把在离散点计算得到的权数或者专家打分得到的权数作为观测的样本，通过函数型数据分析的办法拟合得到权函数。

---

① 苏为华、孙利荣、崔峰：《一种基于函数型数据的综合评价方法研究》，《统计研究》2013 年第 2 期，第 88–94 页。

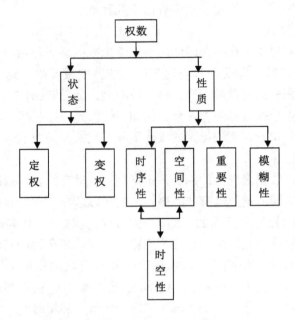

图 5-3 笔者对于权数的理解示意图

二、权函数的生成方法

(一)常规方法

我们实际中面对的都是离散的数据形式,假定此时面对的是由多指标时序立体数据表支持的动态综合评价,一般表现形式为:

$$y_i(t_k) = F(\omega_1(t_k), \omega_2(t_k), \cdots, \omega_m(t_k); x_{i1}(t_k), x_{i2}(t_k), \cdots, x_{im}(t_k)),$$

$$i = 1, 2, \cdots, n; k = 1, 2, \cdots, T. \qquad (5-11)$$

这里 $F(\cdot, \cdot)$ 为(结构待定的)综合评价函数, $\omega(t_k) = (\omega_1(t_k), \omega_2(t_k), \cdots, \omega_m(t_k))^T$ 为评价指标在不同的时刻 t_k 处的权重系数,且 $\omega_j(t_k) \geq 0, \sum_{j=1}^{m} \omega_j(t_k) = 1$ $\forall t_k \in [t_1, t_T]$ 的时间点。

通过上述过程得到权函数 $\omega(t)$ 的一组观测样本 $\{\omega(t_k), k = 1, 2, \cdots, T\}$,例如第一个指标的权数 $\omega_1(t)$ 的观测样本为 $\{\omega(t_k), k = 1, 2, \cdots, T\}$。由基函数展开形式去估计最近似的系数,通过函数型数据分析便可以得到其函数形式。

例子:为了从宏观上初步了解我国 1990—1999 年经济发展的变化,郭亚军(2007)利用"纵横向"拉开档次法,得出 1990—1999 年每年各项指标的权重值，具体数据如下。

将其拟合为函数形式可得到如下图表结果。

表5-5　8个指标的权函数离散取值数据表

年份＼权数	w_1	w_2	w_3	w_4	w_5	w_6	w_7	w_8
1990	0.137	0.135	0.138	0.128	0.111	0.131	0.090	0.129
1991	0.149	0.145	0.148	0.148	0.039	0.126	0.109	0.137
1992	0.148	0.129	0.150	0.098	0.119	0.115	0.097	0.145
1993	0.137	0.134	0.137	0.129	0.110	0.126	0.095	0.131
1994	0.142	0.141	0.144	0.131	0.116	0.131	0.058	0.137
1995	0.140	0.137	0.141	0.133	0.105	0.127	0.083	0.135
1996	0.139	0.134	0.141	0.133	0.106	0.127	0.084	0.136
1997	0.138	0.134	0.141	0.133	0.112	0.128	0.078	0.136
1998	0.138	0.135	0.137	0.133	0.108	0.128	0.083	0.137
1999	0.137	0.136	0.140	0.134	0.106	0.127	0.084	0.137

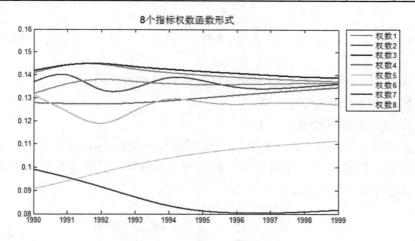

图5-4　不同指标的权函数形式

（二）权函数生成的新方法

1. 权函数的变换形式

我们通常采用的最小化惩罚残差平方和的方法——即直接对权数 $\omega(t)$ 通过基函数展开去估计最近似的系数的函数化形式，并不能反映出权数 $\omega(t)$ 的特殊性质，即 $0 \leq \omega(t) \leq 1$。$\omega(t)$ 可以由如下微分方程定义：

$$D\omega(t) = \alpha\omega(t) \qquad （5-12）$$

又 $0 \le \omega(t)[1-\omega(t)] \le 1$ ，所以有：

$$D\omega(t) = \alpha(t)\omega(t)[1-\omega(t)] \qquad (5\text{-}13)$$

所以由式（5-12）、式（5-13）可得：

$$\alpha(t) = \frac{D\omega(t)}{\omega(t)[1-\omega(t)]} \qquad (5\text{-}14)$$

即

$$\omega(t) = \frac{\exp[\int_{t_0}^{t} \alpha(t)\,dt]}{1 + \exp[\int_{t_0}^{t} \alpha(t)\,dt]} \qquad (5\text{-}15)$$

令 $\Lambda(t) = \int_{t_0}^{t} \alpha(t)dt$ 及式（5-15）可得：

$$\Lambda(t) = \ln[\frac{\omega(t)}{1-\omega(t)}] \qquad (5\text{-}16)$$

$\Lambda(t)$ 为权数 $\omega(t)$ 的 logit 变换，变为没有约束条件的函数。且 $\Lambda(t)$ 的单调性与 $\omega(t)$ 的单调性完全一致。

2. 新函数的函数型数据生成

类似于一般函数，利用基函数展开的办法去估计 Logit 函数 $\Lambda_i(t)$，传统的基函数使用形式为：非周期函数使用 B-spline 基，周期函数使用 Fourier 基。假定存在一基函数 $\varphi(t)$，使得：

$$\Lambda_i(t) = \sum_{k=1}^{K} \beta_{ik}\varphi_k(t) = \beta_i^{\mathrm{T}}\varphi(t) \qquad (5\text{-}17)$$

进而：

$$\Lambda(t) = B\varphi(t) \qquad (5\text{-}18)$$

这里 B 为 $m \times K$ 阶矩阵，β_i，$i = 1, 2, \cdots, m$ 为 B 的列向量，m 表示指标的个数。

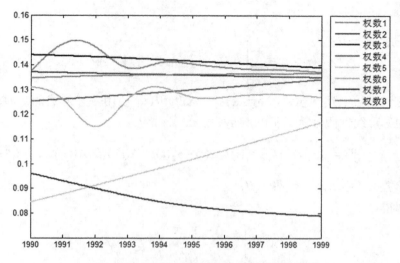

图5-5 通过 $\Lambda_i(t)$ 得到的新的权函数形式

该图为将每个权函数进行 logit 变换后，按 B 样条基，采用 Roughness Penalty Method 拟合出来的函数 $\Lambda_i(t)$ $i=1,2,\cdots,8$ 的曲线形式。通过作图发现，虽然这些图都通过了留一广义交叉验证法则，但是变化后的函数更合理，它的取值没有限制范围。

Wang（1993）为了捕捉概率函数的性质，将概率函数进行 Logit 变换函数后使用特殊的基函数去生成函数。由于权数与概率函数具有相近的性质，从而权数的 Logit 变换函数 $\Lambda_i(t)$ 与该函数的性质类似。故本书采用该基函数生成 $\Lambda_i(t)$ 。

令 $\varphi(t)=\left(1,t,\ln(e^t+1)\right)^T$ ，则 $\Lambda(t)=\beta_1+\beta_2 t+\beta_3\ln(1+e^t)$ ，该函数具有如下性质：随着 t 的增大， $\ln(e^t+1)\to t$ ，所以 $\Lambda(t)$ 可近似看作 t 的线性函数。又：

$$\frac{d\Lambda}{dt}=\beta_2+\beta_3\frac{e^t}{1+e^t} \qquad (5-19)$$

由式（5-19），随着 t 的增大， $\frac{d\Lambda}{dt}$ 渐近趋向 $\beta_2+\beta_3$ （常数）。因为 $\omega(t)=\frac{e^{\Lambda(t)}}{1+e^{\Lambda(t)}}$ ，随着 t 的增大， $\omega(t)$ 的水平渐近线为常数 1 或 0。符合权数的取值限制范围。再次使用 Roughness Penalty Method 方法，选择函数时使

用如下具体形式：

$$PENSSE_{\lambda,m}^i = \sum_{j=1}^{T}\left[\Lambda_i(t_j) - \sum_{k=1}^{3_i} c_{i,k}\varphi_k(t_j)\right]^2 + \lambda J(\beta) \qquad （5-20）$$

由该函数上述性质，Roughness Penalty $J(\beta)$ 使用一般形式的，即使用待定的三阶线性微分算子（Ramsay，2002）：

$$J(\beta) = \int[\gamma_0(t)\Lambda(t) + \gamma_1(t)D\Lambda(t) + \gamma_2(t)D^2\Lambda(t) + D^3\Lambda(t))]^2\,\mathrm{d}t \qquad （5-21）$$

选择参数 $\gamma_i, i = 0,1,2$，使得 $J(\beta) = 0$。

解得：

$$\begin{cases} \gamma_0(t) = 0 \\ \gamma_1(t) = 0 \\ \gamma_2(t) = -\dfrac{1-e^t}{1+e^t} \end{cases} \qquad （5-22）$$

所以

$$J(\beta) = \int[-\frac{1-e^t}{1+e^t}D^2\Lambda(t) + D^3\Lambda(t))]^2\,\mathrm{d}t \qquad （5-23）$$

将式（5-23）代入式（5-20）得最终的函数拟合公式：

$$PENSSE_{\lambda,m}^i = \sum_{j=1}^{T}\left[\Lambda_i(t_j) - \sum_{k=1}^{3_i} c_{i,k}\varphi_k(t_j)\right]^2 + \lambda\int[-\frac{1-e^t}{1+e^t}D^2\Lambda(t) + D^3\Lambda(t))]^2\,\mathrm{d}t$$

$$（5-24）$$

这里平滑参数 λ 权衡估计的精度与平滑程度。λ 的选择可由留一广义交叉验证法则选择。

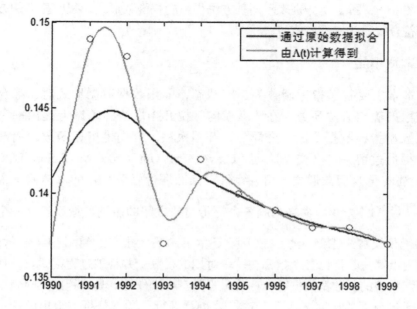

图 5-6 第一个指标的权函数与变换后得到的权函数在同一个图中的形式

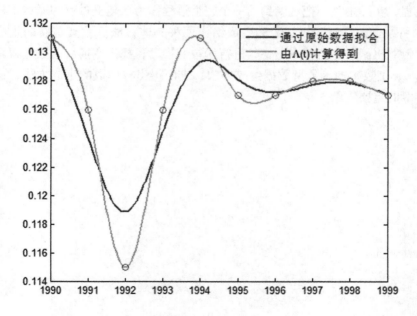

图 5-7 第六个指标的权函数与变换后得到的权函数在同一个图中的形式

图 5-6、图 5-7 分别表示两种方法得出的权函数形式，很明显新的方法更加符合权数的实际取值。

本章小结

本章主要基于指标函数为连续状态，即函数型数据形式时，综合评价权数的确定方法研究。在"纵横向"拉开档次法的基础上提出一种基于函数型指标数据下的"全局"拉开档次法，首先将指标函数的离散状态数据通过留一广义交叉验证（Leave One Out Cross-Validation LOO—CV）法转化为函数形式，用各评价对象的评价函数 $y_i(t)$ 的总离差平方和 $\sigma^2 = \int_T \{\sum_{i=1}^n (y_i(t) - \overline{y})^2\} dt$ 来刻画各个评价对象之间的差别。最后建立一个非线性优化模型来求解权数，该问题是本书的最大难点。使用 Matlab 软件，利用内点算法，得出各个指标在一段时期的权数。并将该过程模式化，使得任何该类型的函数型数据综合评价过程具有可操作性。具体程序见附录 3。

通过前面的研究，接下来对权数 $\omega(t)$ 进行了详细分析，得出结论：权数可以是不变的，可以是时间的函数，可以是区域（地点）的函数，可以是时间、区域（地点）的二维函数等，最终权数 $\omega(t)$ 可以看作一个离散的随机过程，实际中我们把观测到的一个完整过程作为该随机过程的样本，称为样本函数。最后对于权函数的生成给出两种具体方法。尤其是新的生成方法，针对权函数取值特点，将其进行函数变换后，找出变换后函数（权函数的 Logit 函数）的函数型数据生成方法，进而得出权函数的生成方法，这也是本章的重要创新。

第六章 函数型数据综合评价 集成方法研究

第一节 动态综合评价集成方法研究

一、引言

多指标综合评价，是近十多年来应用相当广泛的一种数量分析技术和管理决策方法。人们虽然提出了许许多多的综合评价方法，但其中既简便实用又不失准确性的方法便是效用函数平均法（东北财大邱东教授称之为"常规方法"）。这类综合评价方法的基本思路是先将单项指标按一定的评价准则转化为评价值，然后按各指标在整个评价体系中的相对重要性进行加权平均合成，求出总评价值，最后据以评判与选择。其一般化的公式为：

$$F = \xi(y_i, \omega_i), i = 1, 2, \cdots, m \qquad (6-1)$$

其中 ω_i 为单项评价指标 x_i 的重要权数，$y_i = f(x_i)$ 为 x_i 的效用函数评价值，也称"无量纲化值"或"同度量化值"。f 为 x_i 的效用函数，也称无量纲化函数或同度量化函数。ξ 为集成（合成）方法（模型）。

如何将单项评价值合成总评价值，即选择科学合理的合成模型 ξ，是效用函数平均法中一个非常重要的模型问题。因为不同合成模型代表了不同的评价思想或评价原则，从而对综合评价结论会产生较大影响。目前人们通常引用决策科学中关于方案合成方面的一些理论，将合成模型分为加法合成、乘法合成、加乘混合合成、代换合成等。美国密特公司在美国环境质量委员会委托下研究密特大气质量指数（MAQI），它以五项污染物为参数，采用简单平方平均合成公式。邱东（1992）从方法论上分析合成方法的特点，并比较了效用函数综合评价与其他系统评价方法的关系，认为乘法合成的区分度要大于加法合成。邱东（2003）详细阐述了加法合成、乘法合成、加乘混合合成、代换合成的性质，提出了根据指标评价值之间的差异大小和评价指标重要程度的差异大小两个角度选择合成方法。苏为华（2002）系统研究了幂函数合成中不同幂次情况下评价结果的平均值变化以及补偿关系，认为幂次在 -1 ~ 3 之间比较合适，幂次越低，越是惩罚落后指标；幂次越高，越是奖励先进指标。张田玉（1987）在学校教育评价中结合加法合成与乘法合成的特点，进行综合评价。田赤勇、陈进殿（2006）在对埋地输油管道的评价中用乘法合成对可靠性指标与估价指标进行组合。商红岩、宁宣熙（2005）对第三方物流企业绩效评价时采用了乘法合成。我们认为，这四种合成规则还不能包括全部的合成模型。在效用函数综合评价法中，合成模型大致可分为两种类型：一类为"幂平均合成"，包括上述加法合成即算术平均合成、乘法合成即几何平均合成，还包括人们经常应用却一直没有引起重视的平方平均合成，甚至于任何阶次的幂平均合成。幂平均合成是最基本的合成模型，另一类可称为"特殊合成"，包括上述的加乘混合合成与代换合成，还包括一些"二次合成"以及不同幂次的其他平均合成的混合（苏为华，2005）。苏为华（2005）对合成方法进行系统的总结，并提出了一种与上述传统代换法（可称为"激励性代换法"）相反但更有可能存在的评价原则："一丑遮百俊""一损百损""一票否决"，即某个指标的不合格将导致整个综合评价值的不合格，称之为"惩罚型代换法"。在分析了代换法缺陷的基础上，苏为华（2005）提出了分段合成方法，其合成值为：

$$M(K) = \begin{cases} \text{取上限值} & \text{（当单项指标构成情况符合相应的上限条件时）} \\ \text{按某一平均数公式计算合成值} & \text{（其他情况）} \\ \text{取下限值} & \text{（当单项指标构成情况符合相应的下限条件时）} \end{cases}$$

郭亚军（2007）提出兼顾"功能性"与"均衡性"的组合集结模式，有利于评价系统的整体均衡性发展。

二、空间信息集结算子探讨

（一）OWA 算子及其扩展算子的定义

有序加权平均（OWA）算子是由美国学者 Yager 教授于 1988 年首次提出来的。在 OWA 算子的基础上，有学者提出了有序加权几何平均（OWGA）算子。Yager（1999）和徐泽水（2003）在 OWA 与 OWGA 算子的基础上诱导有序加权平均（IOWA）算子和诱导有序加权几何（IOWGA）算子，郭亚军（2007）提出了时序加权平均（TOWA）和时序几何平均（TOWGA）算子的定义，并用于时序动态综合评价问题中，本书提出的多指标时空立体数据可以看成由指标、时间和评价对象构成的三维数据基础上再增加一个维度——"空间维度"。为了体现"空间"对评价对象的影响，需要对 OWA 与 OWGA 算子进行扩展研究。

定义 6-1：n 维有序加权平均算子（OWA）是一个映射：$R^n \rightarrow R$，且

$$OWA(a_1, a_2, \cdots, a_n) = \sum_{j=1}^{n} \omega_j b_j \qquad （6-2）$$

其中，$\omega = (\omega_1, \omega_2, \cdots, \omega_n)^T$ 是与 OWA 相关的权重系数，$\omega_j \geq 0, \sum_{j=1}^{m} \omega_j = 1$，$b_j$ 是一组数 $\{a_1, a_2, \cdots, a_n\}$ 中第 j 个最大元素。

定义 6-2：n 维有序加权几何平均算子（OWGA）是一个映射：$R^n \rightarrow R$，且

$$OWGA(a_1, a_2, \cdots, a_n) = \prod_{j=1}^{n} b_j^{\omega_j} \qquad （6-3）$$

其中 $\omega = (\omega_1, \omega_2, \cdots, \omega_n)^T$ 是与 IOWA 相关的权重系数，$\omega_j \geq 0, \sum_{j=1}^{m} \omega_j = 1$，$b_j$ 是一组数 $\{a_1, a_2, \cdots, a_n\}$ 中第 j 个最大元素。

定义 6-3：令 $N = \{1, 2, \cdots, n\}$，称 $\langle u_i, a_i \rangle (i \in N)$ 为 IOWA 对，u_i 为诱导分量，a_i 为数据分量。定义 n 维诱导有序加权平均算子（IOWA）为：

$$IOWA(\langle u_1, a_1 \rangle, \langle u_2, a_2 \rangle, \cdots, \langle u_n, a_n \rangle) = \sum_{j=1}^{n} \omega_j b_j \qquad （6-4）$$

其中 $\omega = (\omega_1, \omega_2, \cdots, \omega_n)^T$ 是与 IOWA 相关的权重系数，$\omega_j \geq 0, \sum_{j=1}^{m} \omega_j = 1$，$b_j$ 是 $u_i (i \in N)$ 中第 j 个最大元素所对应的 IOWA 对中的第二个分量。

若 u_i 为时间诱导分量，b_j 是 $u_i (i \in N)$ 中第 j 时刻所对应的 IOWA 对中的第二个分量，则上述 IOWA 算子即为 TOWA（时序加权平均）算子（郭亚军，2007）。

定义 6-4：令 $N = \{1, 2, \cdots, n\}$，称 $\langle u_i, a_i \rangle (i \in N)$ 为 IOWGA 对，这里 u_i 为诱导分量，a_i 为数据分量。定义 n 维诱导有序加权平均算子（IOWGA）为：

$$IOWGA(\langle u_1, a_1 \rangle, \langle u_2, a_2 \rangle, \cdots, \langle u_n, a_n \rangle) = \prod_{j=1}^{n} b_j^{\omega_j} \qquad （6-5）$$

其中，$\omega = (\omega_1, \omega_2, \cdots, \omega_n)^{\mathrm{T}}$ 是与 IOWGA 相关的权重系数，$\omega_j \geq 0, \sum_{j=1}^{m} \omega_j = 1$，

b_j 是 u_i $(i \in N)$ 中第 j 个最大元素所对应的 IOWGA 对中的第二个分量。

若 u_i 为时间诱导分量，b_j 是 u_i $(i \in N)$ 中第 j 时刻所对应的 IOWGA 对中的第二个分量，上述 IOWGA 算子即为 TOWGA（时序几何平均）算子（郭亚军，2007）。

（二）空间信息集结算子的定义

定义 6-5： 令 $N = \{1, 2, \cdots, n\}$，称 $\langle u_i, a_i \rangle (i \in N)$ 为 SOWA 对，u_i 为反映区域差异的诱导分量，a_i 为数据分量。定义 n 维空间有序几何加权平均算子（SOWA）[①] 为：

$$SOWA(\langle u_1, a_1 \rangle, \langle u_2, a_2 \rangle, \cdots, \langle u_n, a_n \rangle) = \sum_{j=1}^{n} \omega_j b_j \qquad (6\text{-}6)$$

其中 $\omega = (\omega_1, \omega_2, \cdots, \omega_n)^{\mathrm{T}}$ 是与 SOWA 相关的权重系数，$\omega_j \geq 0, \sum_{j=1}^{m} \omega_j = 1$，$b_j$ 是 u_i $(i \in N)$ 中第 j 个最大元素所对应的 SOWA 对中的第二个分量。

定义 6-6： 令 $N = \{1, 2, \cdots, n\}$，称 $\langle u_i, a_i \rangle (i \in N)$ 为 SOWGA 对，u_i 为反映区域差异的诱导分量，a_i 为数据分量。定义 n 维空间有序几何加权平均算子（SOWGA）为：

$$SOWGA(\langle u_1, a_1 \rangle, \langle u_2, a_2 \rangle, \cdots, \langle u_n, a_n \rangle) = \prod_{j=1}^{n} b_j^{\omega_j} \qquad (6\text{-}7)$$

其中 $\omega = (\omega_1, \omega_2, \cdots, \omega_n)^{\mathrm{T}}$ 是与 SOWGA 相关的权重系数，$\omega_j \geq 0, \sum_{j=1}^{m} \omega_j = 1$，$b_j$ 是 u_i $(i \in N)$ 中第 j 个最大元素所对应的 SOWGA 对中的第二个分量。

（三）反映区域差异的诱导因子选择

区域差异问题一直是地理学家、经济学家以及政府管理者所关注的重要问题之一。改革开放以来，中国区域经济格局发生了重大演变，区域差距开始成为一个不可回避的现实问题。不管是东、中、西三大地带间，还是各省区市间的差距给人们的直观感受是日益强化。但是当我们用科学的态度分析研究这一问题时 首先必须解决的问题就是如何科学准确地描述、衡量区域差距状况及其变化。

---

① 笔者首次将区域差异作为诱导分量，提出按该差异进行排序的算子。

20 世纪中期以来，许多学者采用了很多方法来研究区域差异问题。特别是 20 世纪 90 年代以来国内外学术界开始采用许多新的方法研究中国区域差异问题。Long（1999）、Kim（2001）、Masahisa（2001）等分别采用 Theil 指数对中国不同时段的区域差异进行空间分解研究。Wei（1999）、Lyons（1991）、Chen（1996）等分别采用变异系数和加权变异系数研究了中国不同时期区域差异的变化，发现中国区域差异的变化具有明显的阶段性，而且认为两种方法的结论非常接近。Kanbur（1999）等采用综合熵（GE）指数研究了中国在 1983—1995 年间城乡差距及沿海与内地差距的演变。Tsui（1991，1993）采用 Atkinson 指数研究了中国 1952—1985 年的区域差异变化，认为此期间省际差异并未扩大。Scott Rozelle（1994，1996）对基尼系数进行分解，发现农村工业化是中国区域差异扩大的主要原因。

国内许多学者也采用了很多不同的方法来研究中国区域差异问题。梁进社等（1998）分析了基尼系数和变差系数度量区域不平衡性的差异，认为变差系数更适合于度量我国的区域不平衡性。周玉翠等（2002）从各省之间人均 GDP 的标准差和标准差系数等角度定量测度了 10 年（1990—2000）省际经济差异的总体水平及其变化，建立了省际差异警戒水平。陈秀山等（2004）通过计算基尼系数、变异系数、塞尔指标描述了 32 年（1970—2002）间中国区域差异的变化情况，结果显示基尼系数和变异系数在大部分阶段的结论是一致的，但在 1992 年以后的一些时期其结论是完全不同的。许月卿（2005）等采用变异系数、加权变异系数、威廉森系数定量评价了 34（1978—2002）年中国经济发展的不平衡性，认为 1990 年以前中国经济区域差异程度在缩小，20 世纪 90 年代以后在扩大。刘慧（2006）在分析了变异系数、基尼系数、综合熵指数、塞尔指数和艾克森指数等不同区域差异测度方法在构造上的差异之后，通过计算不同测度方法所描述的 22 年（1980—2002）间我国农村人均纯收入差距的变动轨迹，发现它们对较长时段不平衡性变动的描述是比较一致的，但对较短时段存在差别；并对不同测度指数进一步分解，从理论和实际应用两方面探讨了不同测度方法的适用范围及其在区域差异分析中的优势和局限。苏为华等（2009）指出单元权重（空间维度权重）是根据评价指标体系中指标本身的计算关系确定的。对于社会经济和谐发展度的评价体系中的单元权重（空间维度权重），可以考虑以区域人口结构为权重，用人口的多寡体现该区域在整个空间的地位，体现该区域和谐社会建设的难度与在全域中的举足轻重地位。

本章目的在于寻找反映区域差异的诱导因子，将不同区域的评价值按区域差异的诱导因子进行排序。换句话说，也就是找出测量区域差异的测度。以上分析可以看出，研究区域差异的方法很多，归纳起来可以分为四大类：第一类是众所周知的统计学方法，如变异系数（coefficient of variation）、基尼系数（Gini coefficient）、塞尔熵指数（Theil's entropy index）等；第二类是公理法，它试图推导出适合一组合乎愿望特征的不平衡指标；第三类是建立社会安全函数，并根据这一函数推导出不平衡指标；第四类是模型法，通过建立空间分析模型、经济增长模型等模拟区域发展的不平衡性。目前在国内外广泛采用的是统计学方法。因此本书集中讨论不同统计学方法在区域差异测度上的表达方法。

（四）不同测度指数的构造

1. 变异系数（CV）

变异系数，又称标准差系数、变差系数等，是采用统计学中的标准差和均值比来表示的，具体形式为：

$$CV = \frac{\sqrt{\dfrac{\sum\limits_{i=1}^{n}(y_i - u)^2}{n}}}{u} \tag{6-8}$$

式中，$y_i(i=1,2,\cdots,n)$ 是第 i 地区人均 GDP，u 是全国平均人均 GDP，n 为地区个数。若考虑人口规模，一般采用加权变异系数，具体形式为：

$$CV(\omega) = \frac{\sqrt{p_i \sum\limits_{i=1}^{n}(y_i - u)^2}}{u} \tag{6-9}$$

式中 p_i 是第 i 地区人口占全国人口的比重。

2. 基尼系数

基尼系数是意大利经济学家基尼于 1912 年提出用于定量测定收入不平等的，具体形式为：

$$G = \frac{\dfrac{\sum\limits_{i=1}^{n}\sum\limits_{j=1}^{n}|y_i - y_j|}{n(n-1)}}{2u} \tag{6-10}$$

但若考虑不同地区对应的人口比重，将这个比重加权到基尼系数中，则变为：

$$G = \frac{p_i p_j \sum\limits_{i=1}^{n} \sum\limits_{j=1}^{n} |y_i - y_j|}{2u} \qquad （6-11）$$

比较式（6-8）式（6-9）式（6-10）式（6-11）可以看出，变异系数以全国平均值作为标准，而基尼系数是以每一地区的平均值为标准，先算所有地区对这一标准的加权偏差值，然后对这些加权偏差值再加权求和，最后除以全国平均值的2倍，就可得到基尼系数。

3.综合熵指数（CE）

综合熵指数是从信息量和熵的概念出发，考察个体之间的差异性（熵是平均信息量，即信息量的期望）。个体之间越是接近，综合熵指数就越小。

$$CE = \begin{cases} \sum\limits_{i=1}^{n} p_i [(y_i / u)^c - 1] & c \neq 0,1 \\ \sum\limits_{i=1}^{n} p_i (y_i / u) \lg(y_i / u) & c = 1 \\ \sum\limits_{i=1}^{n} p_i \lg(y_i / u) & c = 0 \end{cases} \qquad （6-12）$$

这里参数 c 是用来测度指数变化的灵敏性。一般来讲，当 $c < 2$ 时，其所测指数的变化就是灵敏的。$c = 0,1$ 时，就是著名的塞尔指数。

4.塞尔指数（Theil Index）

$$I_{theil} = \sum (y_i / Y) \times \lg[(y_i / Y) / (x_j / X)] \qquad c = 1 \qquad （6-13）$$

或者

$$I_{theil} = \sum (x_i / X) \times \lg[(y_i / Y) / (x_j / X)] \qquad c = 0 \qquad （6-14）$$

式中，y_j 和 x_j 分别为第 j 个地区的经济总量和人口总数，Y 和 X 分别代表全国的经济总量和人口总数。将式（6-14）中的经济总量和人口总数换算成人均 GDP 和人口比重，即为式（6-13）中的塞尔指数。Theil 指数越大，区域差异越大；反之，亦然。

Theil 指数与基尼系数最大的不同在于它的可分解特性，它是一种具有空间可分解性的区域差异分析方法，可用来分析区域差异总体变化过程、区际差异和区内差异变化的情况，因而受到不少学者的重视（张芮等，2008）。

5. 艾肯森指数（Atkinson Index）

$$I_{atkinson} = 1 - [\sum (y_i / u)^{1-\xi} p_i]^{\frac{1}{1-\xi}} \qquad (6-15)$$

ξ 是一个与区域不平衡性外在显示度有关的参数，ξ 值设置越高，不平衡性的显示度就越明显。当 $\xi = 1$ 时，不平衡性的显示度较低；当 $\xi = 2$ 时，艾肯森指数可以中度显示不平衡性。

第二节　反映区域差异的空间信息集结算子

一、反映区域差异的诱导因子及 SOWA（或 SOWGA）算子

定义 6-7： 区域差异函数（区域差异诱导因子），设 $h = f(\cdot)$ 为统计量 Y 的函数，假定某评价体系下，f 为（6-8）—（6-15）中的任一种函数形式，则 h 的值越大，区域差异程度越大。令 $\tilde{h} = f(Y)$，$Y = (y_1, y_2, \cdots, y_n)$，$y_i (i = 1, 2, \cdots, n)$ 是第 i 区域人均 GDP，称 $\tilde{h}$ 为该评价系统内的区域差异测度值。进一步地，将区域 i 分成 n_i 个区域，$\tilde{h}_i = f(Y_i)$，$Y_i = (y_{i1}, y_{i2}, \cdots, y_{in_i})$，$y_{ij} (j = 1, 2, \cdots, n_i)$ 为第 i 区域的子区域 ij 的人均 GDP；称 $\tilde{h}_i (i = 1, 2, \cdots, n)$ 为区域 i 内部的区域差异测度值。类似我们可以得到区域 ij $(i = 1, 2, \cdots n; j = 1, 2, \cdots, n_i)$ 内部的区域差异测度值 $\tilde{h}_{ij}$。

为了体现区域对系统评价的影响，引入 SOWA（或 SOWGA）算子定义，最后的评价结果如下。

定义 6-8：

$$SOWA(\langle h_1, y_j(h_1) \rangle, \langle h_2, y_j(h_2) \rangle, \cdots, \langle h_{n_j}, y_j(h_{n_j}) \rangle) = \sum_{k=1}^{n_j} \omega_{jk} b_{jk} \qquad (6-16)$$

或

$$SOWGA(\langle h_1, y_j(h_1) \rangle, \langle h_2, y_j(h_2) \rangle, \cdots, \langle h_{n_j}, y_j(h_{n_j}) \rangle) = \prod_{k=1}^{n_j} b_{jk}^{\omega_{jk}} \qquad (6-17)$$

式中 $h_k (k = 1, 2, \cdots, n_j)$ 表示按照区域差异因子计算的区域差异值，$\omega_j = (\omega_{j1}, \omega_{j2}, \cdots, \omega_{jn_j})^T (j = 1, 2, \cdots, n)$ 是空间权数向量；b_{jk} 是 $h_k (k = 1, 2, \cdots, n_j)$ 中排在第 k 个位置所对应的 SOWA（或 SOWGA）算子对中的评价值 $y_j(h_k)$（按差异因子由大到小的顺序排列）。

SOWA（或 SOWGA）算子相当于采用了二次加权法，第一次加权隐

藏在评价值 $y_j(h_k)$ 中，即为表达各项评价指标在不同区域的重要作用；此时我们可以应用主观赋权法、客观赋权法或组合赋权法[①] 给出区域 i 的指标 $x_m, m=1,2,\cdots,p$ 的权重系数，通过选定的综合评价模型求出系统（被评价对象）$s_j(j=1,2,\cdots,n)$ 在区域 jk $(k=1,2,\cdots,n_j)$ 处的综合评价值 $y_j(h_k)$。第二次加权为不同评价对象（系统）的区域差异大小的体现。

当然，我们也可以先对数据进行"空间维"的综合，再进行"指标维"的综合，我们称这种方法为前置综合法。具体形式如下：

$$SOWA(\langle h_1, x_{ij}(h_1)\rangle, \langle h_2, x_{ij}(h_2)\rangle, \cdots, \langle h_{n_j}, x_{ij}(h_{n_j})\rangle) = \sum_{k=1}^{n_j} \omega_{jk} b_{ijk} \quad （6-18）$$

或

$$SOWGA(\langle h_1, x_{ij}(h_1)\rangle, \langle h_2, x_{ij}(h_2)\rangle, \cdots, \langle h_{n_j}, x_{ij}(h_{n_j})\rangle) = \prod_{k=1}^{n_j} b_{ijk}^{\omega_{jk}} \quad （6-19）$$

式 中 $\omega_j = (\omega_{j1}, \omega_{j2}, \cdots, \omega_{jn_j})^{\mathrm{T}}$ $(j=1,2,\cdots,n)$ 是 空 间 权 数 向 量； b_{ijk} 是 $h_k(k=1,2,\cdots,n_j)$ 中排在第 k 个位置所对应的 SOWA（或 SOWGA）算子对中的指标值 $x_{ij}(h_k)$。这时，表 4-2 多指标多区域立体数据表 $\{x_{ij}(h_k)\}$ 就转化成了一般的平面数据表 $\{x_{ij}\}$，转化为一般的多指标综合评价问题。

二、时空集结算子：TSOWA（或 TSOWGA）算子——先区域后时间

定义 6-9： 令 $N=\{1,2,\cdots,n\}$，$M=\{1,2,\cdots,m\}$，$NM=\{1,2,\cdots,mn\}$ 称 $\langle v_j, u_i, a_k\rangle(i\in N, j\in M, k\in NM)$ 为 STOWA 对，u_i，v_j 分别为区域诱导分量和时间诱导分量，a_k 为数据分量。定义 mn 维诱导有序加权平均算子 TSOWA 为：

$$TSOWA(\langle v_1, u_1, a_1\rangle, \langle v_1, u_2, a_2\rangle, \cdots, \langle v_m, u_n, a_{nm}\rangle)$$
$$= \sum_{j=1}^{m} \omega_j (\sum_{i=1}^{n} \omega_{ji} b_{ji}) = \sum_{j=1}^{m} \omega_j \tilde{b}_j \quad （6-20）$$

其中 $\omega = (\omega_1, \omega_2, \cdots, \omega_m)^{\mathrm{T}}$ 为与 TS 相关的权重系数，$\omega_j \geq 0, \sum_{j=1}^{m} \omega_j = 1$，$\omega_j = (\omega_{j1}, \omega_{j2}, \cdots, \omega_{jn})^{\mathrm{T}}$，为与区域 S 相关联的权向量，$\omega_{ji} \geq 0, \sum_{i=1}^{n} \omega_{ji} = 1$，$b_{ji}$ 是 $a_k(k\in MN)$ 在时刻 j 于区域 i 所对应的 STOWA 对中的数据分量，$\tilde{b}_j$ 是

---

① 权重系数的确定途径可分为三类：主观途径、客观途径和主、客观相联合的组合途径。

时刻 j 时，按区域差异值的顺序集成后的数据量，按时间诱导分量排序后，位于第 j 个位置。

定义 6-10：令 $N = \{1, 2, \cdots, n\}$，$M = \{1, 2, \cdots, m\}$，$NM = \{1, 2, \cdots, mn\}$ 称 $\langle v_j, u_i, a_k \rangle (i \in N, j \in M, k \in NM)$ 为 STOWA 对，u_i，v_j 分别为区域诱导分量和时间诱导分量，a_k 为数据分量。定义 mn 维诱导有序几何平均算子 STOWGA 为：

$$TSOWGA(\langle v_1, u_1, a_1 \rangle, \langle v_1, u_2, a_2 \rangle, \cdots, \langle v_m, u_n, a_{mn} \rangle)$$
$$= \prod_{j=1}^{m} (\prod_{i=1}^{n} b_{ji}^{\omega_{ji}})^{\omega_j} = \prod_{j=1}^{m} \tilde{b}_j^{\omega_j} \tag{6-21}$$

其中 $\omega = (\omega_1, \omega_2, \cdots, \omega_m)^{\mathrm{T}}$ 为与 TS 相关的权重系数，$\omega_j \geq 0, \sum_{j=1}^{m} \omega_j = 1$，

$\omega_j = (\omega_{j1}, \omega_{j2}, \cdots, \omega_{jn})^{\mathrm{T}}$，为与区域 S 相关联的权向量，$\omega_{ji} \geq 0, \sum_{i=1}^{n} \omega_{ji} = 1$ b_{ji}

是 $a_k (k \in MN)$ 在时刻 j 于区域 i 所对应的 TSOWGA 对中的数据分量，$\tilde{b}_j$ 是时刻 j 时，按区域差异值的顺序集成的数据量，按时间诱导分量排序后，位于第 j 个位置上。

为了体现时空对系统评价的影响，引入 TSOWA（或 TSOWGA）算子定义，最后的评价结果为：

$$h_j = TSOWA(\langle h_1, t_1(h_1), y_j(t_1(h_1)) \rangle, \langle h_2, t_1(h_2), y_j(t_1(h_2)) \rangle, \cdots$$
$$, \langle h_{n_j}, t_T(h_{n_j}), y_j(t_T(h_{n_j})) \rangle)$$

$$= \sum_{p=1}^{T} \omega_j(p) \{\sum_{k=1}^{n_j} \omega_{jk} b_{jk}(p)\} = \sum_{p=1}^{T} \omega_j(p) \tilde{b}_j(p) \quad j = 1, 2, \cdots, n \tag{6-22}$$

或

$$h_j = TSOWGA(\langle h_1, t_1(h_1), y_j(t_1(h_1)) \rangle, \langle h_2, t_1(h_2), y_j(t_1(h_2)) \rangle, \cdots$$
$$, \langle h_{n_j}, t_T(h_{n_j}), y_j(t_T(h_{n_j})) \rangle)$$

$$= \prod_{p=1}^{T} \{\prod_{k=1}^{n_j} b_{jk}(p)^{\omega_{jk}}\}^{\omega_j(p)} = \prod_{p=1}^{T} \tilde{b}_j(p)^{\omega_j(p)} \quad j = 1, 2, \cdots, n \tag{6-23}$$

式中 $t_p(h_k)(p = 1, 2, \cdots, T; k = 1, 2, \cdots, n_j)$ 表示于时刻 $t_p(p = 1, 2, \cdots, T)$ 按照区域差异因子计算的第 k 个区域的区域差异值，$b_{jk}(p)$ 是系

统（评价对象）$j(j=1,2,\cdots,n)$ 于时刻 t_p 的第 k 个区域评价值。$\tilde{b}_j(p)$ 是排在第 p 个时刻所对应的 TSOWA（或 TSOWGA）算子对中的 $\{y_j(t_p(h_k))\}_{k=1,2,\cdots,n_j}$。 $\omega_j(p)=(\omega_{j1}(p),\omega_{j2}(p),\cdots,\omega_{jn_j}(p))^{\mathrm{T}}$， $(p=1,2,\cdots,T;$ $j=1,2,\cdots,n)$ 是系统（评价对象）$j(j=1,2,\cdots,n)$ 于时刻 $t_p(p=1,2,\cdots,T)$ 的区域权数向量即"空间权数向量"； $\omega_j=(\omega_j(1),\omega_j(2),\cdots,\omega_{j_j}(p))^{\mathrm{T}}$ 是系统（评价对象）j 的"时空权数（先区域后时间）向量"。

三、时空集结算子：STOWA（或 TSOWGA）算子——先时间后区域

定义 6-11：令 $N=\{1,2,\cdots,n\}$，$M=\{1,2,\cdots,m\}$，$NM=\{1,2,\cdots,mn\}$ 称 $\langle u_i,v_j,a_k\rangle(i\in N,j\in M,k\in NM)$ 为 STOWA 对，u_i，v_j 分别为区域诱导分量和时间诱导分量，a_k 为数据分量。定义 mn 维诱导有序加权平均算子 STOWA 为：

$$STOWA(\langle u_1,v_1,a_1\rangle,\langle u_1,v_2,a_2\rangle,\cdots,\langle u_n,v_m,a_{nm}\rangle)$$
$$=\sum_{i=1}^{n}\omega_i(\sum_{j=1}^{m}\omega_{ij}b_{ij})=\sum_{i=1}^{n}\omega_i\tilde{b}_i \quad (6-24)$$

其中 $\omega=(\omega_1,\omega_2,\cdots,\omega_n)^{\mathrm{T}}$ 是与 ST 相关的权重系数，$\omega_i\geq0,\sum_{i=1}^{n}\omega_i=1$，

$\omega_i=(\omega_{i1},\omega_{i2},\cdots,\omega_{im})^{\mathrm{T}}$，是与时间 T 相关联的权向量，$\omega_{ij}\geq0,\sum_{j=1}^{m}\omega_{ij}=1$ b_{ij} 是 $a_k(k\in MN)$ 中区域 i 于时刻 j 所对应的 STOWA 对中的数据分量，$\tilde{b}_i$ 是区域 i 按时间顺序集成后的数据量，按区域诱导分量排序后，位于第 i 个位置上。

定义 6-12：令 $N=\{1,2,\cdots,n\}$，$M=\{1,2,\cdots,m\}$ $NM=\{1,2,\cdots,mn\}$ 称 $\langle u_i,v_j,a_k\rangle(i\in N,j\in M,k\in NM)$ 为 STOWA 对，u_i，v_j 分别为区域诱导分量和时间诱导分量，a_k 为数据分量。定义 mn 维诱导有序几何平均算子 STOWGA 为：

$$STOWGA(\langle u_1,v_1,a_1\rangle,\langle u_1,v_2,a_2\rangle,\cdots,\langle u_n,v_m,a_{nm}\rangle)$$
$$=\prod_{i=1}^{n}(\prod_{j=1}^{m}b_{ij}^{\omega_{ij}})^{\omega_i}=\prod_{i=1}^{n}\tilde{b}_i^{\omega_i} \quad (6-25)$$

其中 $\omega=(\omega_1,\omega_2,\cdots,\omega_n)^{\mathrm{T}}$ 是与 ST 相关的权重系数，$\omega_i\geq0,\sum_{i=1}^{n}\omega_i=1$，

$\omega_i=(\omega_{i1},\omega_{i2},\cdots,\omega_{im})^{\mathrm{T}}$，是与时间 T 相关联的权向量，$\omega_{ij}\geq0,\sum_{j=1}^{m}\omega_{ij}=1$ b_{ij} 是

$a_k(k \in MN)$ 中区域 i 于时刻 j 所对应的 STOWA 对中的数据分量，$\tilde{b}_i$ 是区域 i 按时间顺序集成后的数据量，按区域诱导分量排序后，位于第 i 个位置。

为了体现时空对系统评价的影响，引入 STOWA（或 STOWGA）算子定义，最后的评价结果为：

$$h_j = STOWA(\langle t_1, h_1(t_1), y_j(h_1(t_1)) \rangle, \langle t_1, h_2(t_1), y_j(h_2(t_1)) \rangle, \cdots$$

$$, \langle t_T, h_{n_j}(t_T), y_j(h_{n_j}(t_T)) \rangle)$$

$$= \sum_{k=1}^{n_j} \omega_{jk} \{ \sum_{p=1}^{T} \omega_{jk}(p) b_{jk}(p) \} = \sum_{k=1}^{n_j} \omega_{jk} \tilde{b}_{jk} \quad j = 1, 2, \cdots, n \qquad （6-26）$$

或

$$h_j = STOWGA(\langle t_1, h_1(t_1), y_j(h_1(t_1)) \rangle, \langle t_2, h_1(t_2), y_j(h_1(t_2)) \rangle, \cdots$$

$$, \langle t_T, h_{n_j}(t_T), y_j(h_{n_j}(t_T)) \rangle)$$

$$= \prod_{k=1}^{n_j} \{ \prod_{p=1}^{T} b_{jk}(p)^{\omega_{jk}(p)} \}^{\omega_{jk}} = \prod_{k=1}^{n_j} \tilde{b}_{jk}^{\omega_{jk}} \quad j = 1, 2, \cdots, n \qquad （6-27）$$

式中 $h_k(t_p)(p = 1, 2, \cdots, T; k = 1, 2, \cdots, n_j)$ 表示按照区域差异因子计算的于时刻 $t_p(p = 1, 2, \cdots, T)$ 的第 k 个区域的区域差异值，$b_{jk}(p)$ 是系统（评价对象）$j(j = 1, 2, \cdots, n)$ 的第 k 个区域于时刻 t_p 的评价值。$\tilde{b}_{jk}$ 是排在第 k 个区域所对应的 STOWA（或 STOWGA）算子对中的 $\{y_j(h_k(t_p))\}_{p=1,2,\cdots,T}$（按差异因子由大到小的顺序排列）。$\omega_{jk} = (\omega_{jk}(1), \omega_{jk}(2), \cdots, \omega_{jk}(T))^T$，$(k = 1, 2, \cdots, n_j;$ $j = 1, 2, \cdots, n)$ 是系统（评价对象）$j(j = 1, 2, \cdots, n)$ 于区域 $k(k = 1, 2, \cdots, n_j)$ 的时间权数向量；$\omega_j = (\omega_{j1}, \omega_{j2}, \cdots, \omega_{jn_j})^T$ 是系统（评价对象）j 的"时空权数"（先时间后区域）向量。

第三节　连续状态下的函数综合评价集成方法研究

一、引言

当有关评价信息（原始的指标数据、权数、参数或标准值）为函数的情况下（可能某个部分是函数形态，可能是多种组合状态），如何构建评价模型？基本的思路有两个[①]：一是将函数型数据离散化后，讨论其集成过程后，得到评价结果，然后将评价结果函数化，即"离散数据"→评价集成→"函数"的路径；另一个思路是将函数型数据当成一个整体去讨论它的集成问题，这里面又包含两种情况：一种情况是指标数据是函数，但权数是离散的，另一种情况是指标数据和权重数据均为函数状态。两种情况的路径均为"函数"→评价集成→"函数"。第一种思路的评价过程和动态综合评价一致，但最后主要着眼于对综合评价结果的函数化分析。第二种思路需要重点加以讨论，

前面主要讨论了离散状态的集成方法，下面主要从函数的角度探讨综合评价的集成方法。

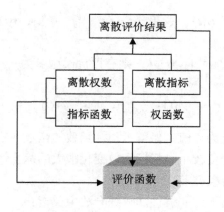

图 6-1 函数型综合评价的集成过程示意图

二、函数状态下的几种集结方法

（一）线性评价模型

设有 n 个被评价对象（或系统） $s_1, s_2, \cdots, s_n$ ，有 m 个评价指标 $\tilde{x}_1, \tilde{x}_2, \cdots, \tilde{x}_m$ ，且在时间区间 $T = [t_1, t_J]$ 获得函数型数据 $\tilde{x}_{i1}(t), \tilde{x}_{i2}(t), \cdots, \tilde{x}_{im}(t)$ ，它们为时间 t 的函数。当我们对 n 个被评价对象（或系统）进行评价时，可形成如下的函数型综合评价模型：

$$y_i(t) = F(\omega_1(t), \omega_2(t), \cdots, \omega_n(t); \tilde{x}_{i1}(t), \tilde{x}_{i2}(t), \cdots, \tilde{x}_{in}(t)), t \in T \; i = 1, 2, \cdots, n$$

最常用的 F 函数形式是线性加权合成法：

---

① 该集成方法与前一章中提到的函数数据综合评价的理解相对应。

$$y_i(t) = \sum_{j=1}^{m} \omega_j(t) \tilde{x}_{ij}(t) \qquad (6\text{-}28)$$

如果不改变评价模型，那么我们需要将指标函数 $\tilde{x}_{ij}(t)$ 或权函数 $\omega(t)$ 导出合理的点值。因为这方面难度较大，所以我们只能从函数型数据自身的特点结合综合评价的侧重点去分析。

对于线性模型（6-28），观测值大的指标，对评价结果的作用也是很大的，即具有很强的"互补性"。所以线性加权法中权数的作用比其他"合成"法中更加明显，能突出指标权重较大者的作用。故可取权重的平均值 $\omega_i = \dfrac{1}{T}\int_T \omega_i(t)dt = \dfrac{1}{T}c_i^{\mathrm{T}}u$，$c_i^{\mathrm{T}}$ 为 $\omega_i(t)$ 的 $1 \times K$ 阶基函数系数矩阵。假设 $x_{ij}(t) = \sum_{k=1}^{K} c_k^{ij}\varphi_k(t) = c^{ij\mathrm{T}}\varphi(t)$，这里 $c_k^{ij\mathrm{T}} = (c_{k1}^{ij}, c_{k2}^{ij}, \cdots c_{kK}^{ij})$，$\varphi(t)$ 为 K 维基函数列向量。同时令 K 维向量 $u = \int_T \varphi(t)dt$，则有评价模型变为：

$$y_i(t) = \frac{1}{T}\sum_{j=1}^{m} (c_j^{\mathrm{T}}u)[c^{ij\mathrm{T}}\varphi(t)] \qquad (6\text{-}29)$$

该模型将权函数转化为点值，保留了指标函数的函数性变化，结果为函数形式。它适用于权数变化较小、指标函数变化很大的综合评价问题。

（二）非线性评价模型

函数型综合评价下的非线性加权综合法主要指：

$$y_i(t) = \prod_{j=1}^{m} \tilde{x}_{ij}(t)^{\omega_j(t)} \qquad (6\text{-}30)$$

两边取对数得：

$$\ln y_i(t) = \sum_{j=1}^{m} \omega_j(t) \ln \tilde{x}_{ij}(t) \qquad (6\text{-}31)$$

此种评价方法突出评价值中较小者的作用，对指标值变动的反应程度，比线性加权法更加敏感，因此更加有助于体现备选方案之间的差异。假设权重 $\omega_i(t) = c_i^{\mathrm{T}}\varphi(t)$，$c_i^{\mathrm{T}}$ 为 $\omega_i(t)$ 的 $1 \times K$ 阶基函数系数矩阵。取指标函数在时间 T 内的平均值 $\dot{\tilde{x}}_{ij}(t) = \dfrac{1}{T}\int_T \tilde{x}_{ij}(t)dt = \dfrac{1}{T}c^{ij\mathrm{T}}u$，这里 $\tilde{x}_{ij}(t) = \sum_{k=1}^{K} c_k^{ij}\varphi_k(t) = c^{ij\mathrm{T}}\varphi(t)$，且 $c_k^{ij\mathrm{T}} = (c_{k1}^{ij}, c_{k2}^{ij}, \cdots c_{kK}^{ij})$，$\varphi(t)$ 为 K 维基函数列向量。令 K 维向量 $u = \int_T \varphi(t)dt$，则评价模型变为：

$$\ln y_i(t) = \frac{1}{T} \sum_{j=1}^{m} (c_j^{\mathrm{T}} \varphi(t)) \ln \dot{x}_{ij}(t) \tag{6-32}$$

该模型将指标函数转化为点值，保留了权数的函数形式，评价结果为函数形式。适用于权数变化较大、指标变化较小的综合评价问题。

（三）基于理想点法的推广：理想函数法

1. 理想点法

理想点法（TOPSIS）是指为逼近样本点或理想点的排序方法，假定有一个理想的系统或样本点为 $(x_1^*, x_2^*, \cdots, x_m^*)$，如果被评价对象（或系统）$(x_{i1}, x_{i2}, \cdots, x_{im})$ 与理想系统（假定为正的理想系统）$(x_1^*, x_2^*, \cdots, x_m^*)$ 在某种意义下非常接近，则称系统 $(x_{i1}, x_{i2}, \cdots, x_{im})$ 是最优的。具体评价模型为：

$$y_i^* = \sum_{j=1}^{m} \omega_j f(x_{ij}, x_j^*) \qquad i = 1, 2, \cdots, n \tag{6-33}$$

$f(x_{ij}, x_j^*)$ 为分量 x_{ij} 与 x_j^* 之间的某种距离，一般取欧氏距离。即取：

$$y_i^* = \sum_{j=1}^{m} \omega_j (x_{ij} - x_j^*)^2 \qquad i = 1, 2, \cdots, n \tag{6-34}$$

作为合成函数，y_i^* 值的大小对各被评价对象进行（升序）排序。

2. 两个函数的距离

设 $x_i(t)$，$x_j(t)$ 为 $L^p(T)$（$T = [t_1, t_T]$）空间上的两个函数，则下面研究单指标函数型数据的闵可夫斯基距离（Minkowski）、相关系数和马氏距离，并在基函数的框架下给出各距离的计算方法。

设 $x_i(t)$，$x_j(t)$ 为 $L^p(T)$（$T = [t_1, t_T]$）空间上的两个函数，称：

$$d_{ij}(p) = \|x_i - x_j\|_p = \left[\int_T |x_i(t) - x_j(t)|^p \, \mathrm{d}t \right]^{\frac{1}{p}} \tag{6-35}$$

为函数 $x_i(t)$，$x_j(t)$ 的 L^p 距离或闵可夫斯基距离（Minkowski）。

当 $p = 1$ 时，

$$d_{ij}(1) = \|x_i - x_j\|_1 = \int_S |x_i(t) - x_j(t)| \, \mathrm{d}t \tag{6-36}$$

为绝对距离或 L^1 距离。

当 $p=2$ 时，

$$d_{ij}(2) = \left\| x_i - x_j \right\|_2 = \left[\int_T \left| x_i(t) - x_j(t) \right|^2 \mathrm{d}t \right]^{\frac{1}{2}} \quad (6\text{-}37)$$

为欧氏距离或 L^2 距离，该距离是实际分析中最常用的距离。

当 $p=\infty$ 时，

$$d_{ij}(\infty) = \left\| x_i - x_j \right\|_\infty = \max_{t \in T} \left| x_i(t) - x_j(t) \right| \quad (6\text{-}38)$$

为切比雪夫距离或 L^∞ 距离。

3．理想函数法

一个理想的系统或样本点 $(x_1^*, x_2^*, \cdots, x_m^*)$ 在长为 T 的时间段内，随着时间的推移，假定形成 m 维函数型数据 $(x_1^*(t), x_2^*(t), \cdots, x_m^*(t))$。但是函数型综合评价模型中的被评价对象（或系统）为 $(x_{i1}, x_{i2}(t), \cdots, x_{im}(t))\ t \in T$，即每个指标均为函数形式。假定指标函数与理想系统（假定为正的理想系统）$(x_1^*(t), x_2^*(t), \cdots, x_m^*(t))$ 在某种意义下非常接近，则称系统 $(x_{i1}, x_{i2}, \cdots, x_{im})$ 是最优的。具体评价模型为：

$$y_i^* = \sum_{j=1}^m \omega_j f(x_{ij}(t), x_j^*(t)) \quad i=1,2,\cdots,n \quad (6\text{-}39)$$

$f(x_{ij}(t), x_j^*(t))$ 为分量 $x_{ij}(t)$ 与 $x_j^*(t)$ 之间的某种距离，这种距离为两个函数之间的距离。这里我们采用式（6-33）的欧氏距离，评价模型如下：

$$y_i^*(t) = \sum_{j=1}^m \omega_j(t) \left[\int_T \left| x_i(t) - x_j(t) \right|^2 \mathrm{d}t \right]^{\frac{1}{2}} \quad i=1,2,\cdots,n \quad (6\text{-}40)$$

作为合成函数，$\left[\int_T \left| x_i(t) - x_j(t) \right|^2 \mathrm{d}t \right]^{\frac{1}{2}}$ 为一具体取值，而 $\omega_j(t)$ 保持函数形式不变，最后利用 $y_i^*(t)$ 为函数形式对各被评价对象进行分析。

注，基函数下欧氏距离的形式为：

$$
\begin{aligned}
d_{ij}(2) &= \left\| x_i - x_j \right\|_2 \\
&= [\int (x_i(t) - x_j(t))(x_i(t) - x_j(t))^{\mathrm{T}} \mathrm{d}t]^{\frac{1}{2}} \\
&= [\int (c_i - c_j)^{\mathrm{T}} \varphi(t) \varphi(t)^{\mathrm{T}} (c_i - c_j) \mathrm{d}t]^{\frac{1}{2}} \\
&= [(c_i - c_j)^{\mathrm{T}} W (c_i - c_j)]^{\frac{1}{2}} \\
&= \left\| \left(W^{\frac{1}{2}} c_i - W^{\frac{1}{2}} c_j \right) \right\|_2
\end{aligned}
\tag{6-41}
$$

其中 $W = \int \varphi(t) \varphi(t)^{\mathrm{T}} \mathrm{d}t$ 。

第四节　多指标函数型主成分分析的综合评价问题

对于多指标面板数据，我们需要区分以下三个问题[①]（王桂明，2011）：

（1）对三个数据维（指标维、样本维、时间维）分别单独施行 PCA（主成分分析）；

（2）对三个数据维其中任意两个数据维合并的组合变量施行 PCA；

（3）对三个数据维同时施行 PCA。

当时间维较高或趋于无穷时，离散的 PCA 就不再适用了，需要基于函数的视角，研究多指标函数型数据的 PCA，以期解决函数型数据下的综合评价问题。限于这里的函数型主成分分析主要研究在综合评价中的应用，不涉及对于样本维的主成分分析，故我们主要研究对于指标维和时间维合并而成的组合变量施行 PCA 的问题。

一、基于组合变量的多指标函数型主成分分析

（一）离散的组合变量多元 PCA

多指标面板数据不仅存在着指标之间的相关关系，而且每个指标下的观测值也存在着时间上的相关关系。

---

① 引自王桂明：《函数数据的多元统计分析及其在证券投资分析中的应用》，厦门大学 2011 年博士论文。该论文将函数型主成分分析进行了详细的研究，本文针对综合评价的特点，将其中的组合变量的多元函数型主成分分析引入综合评价中，并提出了评价方法。还进一步提出了基于重要性加权的组合变量的多元函数型主成分分析方法用于综合评价之中。

$$V = \begin{bmatrix} V_{X_1X_1} & V_{X_1X_2} & \cdots & V_{X_1X_m} \\ V_{X_2X_1} & V_{X_2X_2} & \cdots & V_{X_2X_m} \\ \vdots & \vdots & \vdots & \vdots \\ V_{X_mX_1} & V_{X_mX_2} & \cdots & V_{X_mX_m} \end{bmatrix}_{mT \times mT} \tag{6-42}$$

$$V_{X_iX_j} = \begin{pmatrix} Cov(X_i(t_1), X_j(t_1)) & \cdots & Cov(X_i(t_1), X_j(t_T)) \\ \vdots & \vdots & \vdots \\ Cov(X_i(t_T), X_j(t_1)) & \cdots & Cov(X_i(t_T), X_j(t_T)) \end{pmatrix}_{T \times T} \tag{6-43}$$

$$i, j = 1, 2, \cdots, m$$

这里假定 T 个观测点，m 个指标。样本协方差矩阵 V 包含了指标内部以及指标之间的全部变异信息。设 mT 维特征向量 $\xi_k = (\xi_{k1}^{\mathrm{T}}, \xi_{k2}^{\mathrm{T}}, \cdots, \xi_{km}^{\mathrm{T}})^{\mathrm{T}}$，其中 $\xi_{kj}(j = 1, 2, \cdots, m)$ 为对应于第 j 个指标的 T 维子特征向量。

（二）组合变量的多元 FPCA

设多指标函数型数据已经经过标准化处理，则类似于离散多指标面板数据的情形，对于多指标函数型数据，假设特征函数为 m 维函数 $\xi_i(t) = (\xi_{i1}(t), \cdots, \xi_{im}(t))^{\mathrm{T}}$，此时 $m \times m$ 阶指标的样本自协方差—交叉方差矩阵函数为：

$$V(s,t) = \begin{pmatrix} V_{X_1X_1}(s,t) & \cdots & V_{X_1X_m}(s,t) \\ \vdots & \vdots & \vdots \\ V_{X_mX_1}(s,t) & \cdots & V_{X_mX_m}(s,t) \end{pmatrix}_{m \times m} \tag{6-44}$$

其中：

$$V_{X_rX_l}(s,t) = \frac{1}{n-1} \sum_{j=1}^{n} x_{jr}(s)x_{jl}(t), \tag{6-45}$$

当 $r = l$ 时，式（6-44）为式（6-45）中对角线上指标自身的样本自协方差函数；当 $r \neq l$ 时，表示不同指标之间的样本交叉协方差函数，反映了不同指标之间的交互作用信息，所以式（6-44）包含了指标内部及指标之间的全部变异信息。

则函数型特征方程 $\int V(s,t)\xi_i(t)\mathrm{d}t = \lambda_i \xi_i(s)$ 变为如下形式：

$$\int V_{X_1X_1}(s,t)\xi_{i1}(t)\mathrm{d}t + \cdots + \int V_{X_1X_m}(s,t)\xi_{im}(t)\mathrm{d}t = \lambda_i \xi_{i1}(s)$$
$$\vdots \tag{6-46}$$
$$\int V_{X_mX_1}(s,t)\xi_{i1}(t)\mathrm{d}t + \cdots + \int V_{X_mX_m}(s,t)\xi_{im}(t)\mathrm{d}t = \lambda_i \xi_{im}(s)$$

且

$$Var(F_i) = \iint_{s,t \in T} \xi_i(s)V(s,t)\xi_i(t)dsdt = \lambda_i$$

（三）基函数下组合变量的多元 FPCA

$$\tilde{X}(t) = C^{\mathrm{T}}\Phi(t) = \begin{bmatrix} c^{11\mathrm{T}} & c^{12\mathrm{T}} & \cdots & c^{1m\mathrm{T}} \\ c^{21\mathrm{T}} & c^{22\mathrm{T}} & \cdots & c^{2m\mathrm{T}} \\ \vdots & \vdots & \cdots & \vdots \\ c^{n1\mathrm{T}} & c^{n2\mathrm{T}} & \cdots & c^{nm\mathrm{T}} \end{bmatrix} \begin{bmatrix} \varphi_1(t) & & & \\ & \varphi_2(t) & & \\ & & \ddots & \\ & & & \varphi_m(t) \end{bmatrix}$$

这里 C^{T} 为 $n \times \sum_{j=1}^{m} K_j$ 阶复合系数矩阵，K_j，$j = 1,2,\cdots,m$ 为各指标函数下

基函数 $\varphi_j(t)$ 包含的基函数个数，$\Phi(t)$ 为 $\sum_{j=1}^{m} K_j \times m$ 阶复合矩阵基函数。此时：

$$V(s,t) = \frac{1}{N-1}\Phi(s)^{\mathrm{T}}CC^{\mathrm{T}}\Phi(t) = \Phi(s)^{\mathrm{T}}Cov(C)\Phi(t) \tag{6-47}$$

这里 $Cov(C) = \frac{1}{N-1}\sum_{i=1}^{n}(c_i - \overline{c})(c_i - \overline{c})^{\mathrm{T}}$，假定特征函数 $\xi_i(t) = (\xi_{i1}(t),\cdots,\xi_{im}(t))^{\mathrm{T}}$

的每个子特征函数 $\xi_{il}(t), l = 1,2,\cdots,m$ 的基函数展开形式为 $\xi_{il}(t) = \varphi_l(t)^{\mathrm{T}}b_{il}$，

这里 b_{il} 为 $\xi_{il}(t)$ 关于基 $\varphi_l(t)$ 的系数列向量，从而：

$$\xi_i(t) = \Phi(t)^{\mathrm{T}}B_i, \tag{6-48}$$

其中 $B_i = (b_{i1}{}^{\mathrm{T}}, b_{i1}{}^{\mathrm{T}}, \cdots b_{im}{}^{\mathrm{T}})^{\mathrm{T}}$ 为 $\xi_i(t)$ 的 $\sum_{j=1}^{m} K_j$ 维基函数系数向量，而 K_j，

$j = 1,2,\cdots,m$ 为各子特征函数下基函数 $\varphi_j(t)$ 包含的基函数个数。

则函数型特征方程 $\int V(s,t)\xi_i(t)dt = \lambda_i\xi_i(s)$ 变为如下形式：

$$\int \Phi(s)^{\mathrm{T}}Cov(C)\Phi(t)\Phi(t)^{\mathrm{T}}B_idt = \lambda_iB_i\Phi(s) \tag{6-49}$$

即：

$$\Phi(s)^{\mathrm{T}}V_cW_\Phi B_i = \lambda_i\Phi(s)^{\mathrm{T}}B_i \tag{6-50}$$

其中：

$$W_\Phi = \begin{bmatrix} W_{1\Phi} & & & \\ & W_{2\Phi} & & \\ & & \ddots & \\ & & & W_{m\Phi} \end{bmatrix} \tag{6-51}$$

为 $\sum\limits_{j=1}^{m}K_j \times \sum\limits_{j=1}^{m}K_j$ 阶复合分块对角矩阵。$W_{i\Phi}=(\int\varphi_{ip}(s)\varphi_{iq}(s)\mathrm{d}s)_{p,q=1,2,\cdots K_i}$ 为 $K_1 \times K_1$

阶实对称矩阵，$V_c=Cov(C)$。

由于 $\forall s \in T$，上式均成立，所以可得：

$$V_cW_\Phi B_i = \lambda_i B_i \qquad （6-52）$$

取 $\tilde{B}_i=W_\Phi^{\frac{1}{2}}B_i$，上式变为：

$$W_\Phi^{\frac{1}{2}}V_cW_\Phi^{\frac{1}{2}}\tilde{B}_i = \lambda_i\tilde{B}_i \qquad （6-53）$$

综上所得，基函数下的组合变量 FPCA 的具体算法为：

（1）计算基函数系数矩阵 C，V_C 以及 W_Φ；

注：若使用标准正交基函数（如傅立叶基函数），$W_\Phi=I$，上式变为 $V_cB=\lambda_iB$，问题转化为对系数矩阵 V_C 的离散 PCA 问题，问题大大简化。

（2）利用 Cholesky 分解计算 W_Φ；

（3）计算实对称矩阵 $W_\Phi^{\frac{1}{2}}V_cW_\Phi^{\frac{1}{2}}$ 的特征值 λ_i 和对应的特征向量 $\tilde{B}_i$；

（4）计算 B_i，进而求出 $\xi_i(t)$（$\xi_i(t)=\Phi(t)^{\mathrm{T}}B_i$）。

二、组合变量的多元 FPCA 综合评价方法

常用的思路是，类似于离散的主成分评价函数的情形，取第一主成分函数作为评价函数，即

$$f=F_1=\langle X,\xi_1\rangle=\int X(t)\xi_1(t)dt=\begin{bmatrix}\langle x_1,\xi_1\rangle\\\langle x_2,\xi_1\rangle\\\vdots\\\langle x_n,\xi_1\rangle\end{bmatrix}=\begin{bmatrix}\int x_1(t)\xi_1(t)dt\\\int x_2(t)\xi_1(t)dt\\\vdots\\\int x_n(t)\xi_1(t)dt\end{bmatrix} \qquad （6-54）$$

这里 $X=(x_1,x_2,\cdots,x_n)$ 表示 n 个被评价对象，$x_i(t)=(x_{i1}(t),x_{i2}(t),\cdots,x_{im}(t))$，$i=1,2,\cdots,n$ 表示每个被评价对象为 m 维函数型数据，m 为指标个数。$\xi_1(t)=(\xi_{11}(t),\cdots,\xi_{1m}(t))^{\mathrm{T}}$ 为第一主成分 F_1 对应的特征函数。且 $\int x_i(t)\xi_1(t)dt=\sum\limits_{j=1}^{m}\int x_{ij}(t)\xi_{1j}(t)dt$，$i=1,2,\cdots,n$。

三、基于重要性加权的组合变量的 FPCA 综合评价方法

离散变量的主成分分析中使用的指标协方差矩阵，实际上是一种 S 型 PC 综合评价方法（S=DRD）。苏为华（2005）提出了一种更加宽泛的 PC 综

合评价方法，即定义一个反映相关与变异信息的矩阵 B，称为 B 型 PC 综合评价方法。$B = VRV$，$V = diag(v_1, v_2, \cdots, v_m)$，$v_i$ 是反映原始数据变异程度的某一种相对测度（并不限于标准差系数，可以是平均差系数等）。

在传统的 PC 综合评价中，对于评价目标最重要的指标未必获得最大的权数。因此人们提出了在 PC 综合评价中体现加权的思想，即所谓的加权主成分（周忠明、王惠文）。例如：第一主成分只在几何位置分布上，是使数据离差最大的方向，但从评价本身的意义来看，并不一定是系统最重要的特征方向，所以可以考虑基于重要性加权的多元函数型主成分分析用于综合评价中。苏为华（2001）将加权 PC 综合评价方法分为两类：一类是从原始数据开始重要性加权，另一类是在最终的主成分中直接加权，即 B 型加权主成分和 F 型加权主成分。本书尝试将第一种思想在组合变量的 FPCA 综合评价中进行扩展研究。

B 型加权组合变量的 FPCA 综合评价的具体步骤为：

第一步：确定指标函数的重要性权数 ω_i，$i = 1, 2, \cdots, m$，假定此时的权数在一段时间内保持不变。

第二步：确定加权后的 PC 分析矩阵 $B_{wgt} = \hat{\omega}_{ch} B \hat{\omega}_{ch}$，FPCA 中一般采用协方差矩阵 V，于是就有：

$$B_{wgt} = \hat{\omega}_{ch} V(s,t) \hat{\omega}_{ch}，\quad \hat{\omega}_{ch} = diag[f(\omega_1), f(\omega_2), \cdots, f(\omega_m)]，$$

这里 ω_i 为第 i 个指标的重要性权数，f 是对权数的一种函数变换，为了将问题变得简单，这里不做变换。即

$$B_{wgt} = \hat{\omega}_{ch} V(s,t) \hat{\omega}_{ch} = \begin{pmatrix} \omega_1^2 V_{X_1 X_1}(s,t) & \cdots & \omega_1 \omega_m V_{X_1 X_m}(s,t) \\ \vdots & \vdots & \vdots \\ \omega_m \omega_1 V_{X_m X_1}(s,t) & \cdots & \omega_m^2 V_{X_m X_m}(s,t) \end{pmatrix}_{m \times m} \quad （6-55）$$

其中 $V_{X_r X_l}(s,t) = \dfrac{1}{n-1} \sum_{j=1}^{n} x_{jr}(s) x_{jl}(t)$。

第三步：代入函数型特征方程 $\int B_{wgt} \xi_i(t) \mathrm{d}t = \lambda_i \xi_i(s)$，得到：

$$\begin{aligned} \int \omega_1^2 V_{X_1 X_1}(s,t) \xi_{i1}(t) \mathrm{d}t + \cdots + \int \omega_1 \omega_m V_{X_1 X_m}(s,t) \xi_{im}(t) \mathrm{d}t &= \lambda_i \xi_{i1}(s) \\ &\vdots \\ \int \omega_m \omega_1 V_{X_m X_1}(s,t) \xi_{i1}(t) \mathrm{d}t + \cdots + \int \omega_m^2 V_{X_m X_m}(s,t) \xi_{im}(t) \mathrm{d}t &= \lambda_i \xi_{im}(s) \end{aligned} \quad （6-56）$$

第四步：将上述特征方程基于基函数下进行展开。

假设 $\tilde{X}(t) = C^{\mathrm{T}}\Phi(t)$，其中 C^{T} 为 $n \times \sum\limits_{j=1}^{m} K_j$ 阶复合系数矩阵，K_j，$j = 1, 2, \cdots, m$ 为各指标函数下基函数 $\varphi_j(t)$ 所包含的基函数个数，$\Phi(t)$ 为 $\sum\limits_{j=1}^{m} K_j \times m$ 阶复合矩阵基函数。此时：

$$V(s,t) = \frac{1}{n-1}\Phi(s)^{\mathrm{T}}CC^{\mathrm{T}}\Phi(t) = \Phi(s)^{\mathrm{T}}Cov(C)\Phi(t) , \qquad (6\text{-}57)$$

这里 $Cov(C) = \frac{1}{n-1}\sum\limits_{i=1}^{n}(c_i - \overline{c})(c_i - \overline{c})^{\mathrm{T}}$，则：

$$B_{wgt} = \hat{\omega}_{ch}V(s,t)\hat{\omega}_{ch} = \Phi(s)^{\mathrm{T}}\hat{\omega}_{ch}Cov(C)\hat{\omega}_{ch}\Phi(t) , \qquad (6\text{-}58)$$

假定特征函数 $\xi_i(t) = (\xi_{i1}(t), \cdots, \xi_{im}(t))^{\mathrm{T}}$ 的每个子特征函数 $\xi_{il}(t), l = 1, 2, \cdots, m$ 的基函数展开形式为：$\xi_{il}(t) = \varphi_l(t)^{\mathrm{T}}b_{il}, l = 1, 2, \cdots, m$，这里 b_{il} 为 $\xi_{il}(t), l = 1, 2, \cdots, m$ 关于基 $\varphi_l(t)$ 的系数列向量，从而 $\xi_i(t) = \Phi(t)^{\mathrm{T}}B_i$，其中 $B_i = (b_{i1}{}^{\mathrm{T}}, b_{i1}{}^{\mathrm{T}}, \cdots b_{im}{}^{\mathrm{T}})^{\mathrm{T}}$ 为 $\xi_i(t)$ 的 $\sum\limits_{j=1}^{m} K_j$ 维基函数系数向量，而 K_j，$j = 1, 2, \cdots, m$ 为各子特征函数下的基函数 $\varphi_j(t)$ 包含的基函数个数。

则函数型特征方程 $\int B_{wgt}\xi_i(t)dt = \lambda_i\xi_i(s)$ 变为如下形式：

$$\int \Phi(s)^{\mathrm{T}}\{\hat{\omega}_{ch}Cov(C)\hat{\omega}_{ch}\}\Phi(t)\Phi(t)^{\mathrm{T}}B_i dt = \lambda_i B_i \Phi(s) \qquad (6\text{-}59)$$

$$\Phi(s)^{\mathrm{T}}\hat{V}_c W_\Phi B_i = \lambda_i \Phi(s)^{\mathrm{T}}B_i , \qquad (6\text{-}60)$$

其中：

$$W_\Phi = \begin{bmatrix} W_{1\Phi} & & & \\ & W_{2\Phi} & & \\ & & \ddots & \\ & & & W_{m\Phi} \end{bmatrix}$$

为 $\sum\limits_{j=1}^{m} K_j \times \sum\limits_{j=1}^{m} K_j$ 阶复合分块对角矩阵。$W_{i\Phi} = (\int \varphi_{ip}(s)\varphi_{iq}(s)\mathrm{d}s)_{p,q=1,2,\cdots K_i}$ 为 $K_1 \times K_1$ 阶实对称矩阵，$\hat{V}_c = \hat{\omega}_{ch}Cov(C)\hat{\omega}_{ch}$。

由于 $\forall s \in T$，上式均成立，故有：

$$\hat{V}_c W_\Phi B_i = \lambda_i B_i \qquad (6\text{-}61)$$

取 $\tilde{B}_i = W_\Phi^{\frac{1}{2}}B_i$，上式变为：

$$W_{\Phi}^{\frac{1}{2}} \hat{V}_c W_{\Phi}^{\frac{1}{2}} \tilde{B}_i = \lambda_i \tilde{B}_i \qquad (6-62)$$

第五步：计算主成分函数 $\xi_i(t)$。具体算法如下[①]：

（1）计算基函数系数矩阵 C，$\hat{V}_C$ 以及 W_{Φ}；

若使用标准正交基函数（如傅立叶基函数），则 $W_{\Phi} = I$，上式变为 $V_c B = \lambda_i B$，问题转化为对系数矩阵 $\hat{V}_C$ 的离散 PCA 问题，问题大大简化；

（2）利用 Cholesky 分解计算 W_{Φ}；

（3）计算实对称矩阵 $W_{\Phi}^{\frac{1}{2}} \hat{V}_c W_{\Phi}^{\frac{1}{2}}$ 的特征值 λ_i 和对应的特征向量 $\tilde{B}_i$；

（4）计算 B_i，进而求出 $\xi_i(t)$（$\xi_i(t) = \Phi(t)^{\mathrm{T}} B_i$）。

第六步：构造评价函数（同 6-54）。

第五节　函数型综合评价结果分析

一、函数型数据综合评价结果的数据形式

假定函数型数据综合评价经过指标预处理（函数数据生成和一致无量纲化），权数获取，评价集成后形成如表 6-1 形式的评价结果。这里时间 T 为指标函数型数据的一个闭观测区间，$y_i(t) \in L^2(S), (i = 1, 2, \cdots, n)$ 为第 i 个系统关于变量 t 的函数型数据，针对不同的分析目的，t 可以代表不同的物理意义，如时间、地点、事件或其他各种数据特征等。

表 6-1　函数型数据综合评价结果

时间 系统	$T = [t_1, t_T]$
s_1	$y_1(t)$
s_2	$y_2(t)$
$\vdots$	$\vdots$
s_n	$y_n(t)$

[①]　该算法与前面的组合变量多元 FPCA 的算法，主要差别在于 V_C 与 $\hat{V}_C$ 是不同的矩阵。

在综合评价的研究中，评价指标主要是时间的函数形式，故此时 t 指代时间。例如，不同时间上多个省市的经济发展数据，多个地区、行业或企业多年的年度经济发展数据，多家商业银行历年的资本情况等。许多领域的样本资料随着时间的推移，会形成函数形式。但实际中我们不可能直接得到函数型数据 $y_i(t)$ 的具体形式，而只是在有限个观测时点上得到带有噪声的离散观测值，然后进行动态综合评价就得到离散的综合评价结果。

表 6-2　离散的综合评价结果

时间　系统	$t_1 \cdots t \cdots t_T$
s_1	$y_1(t_1)\cdots y_1(t_{1j})\cdots y_1(t_{t_1})$
s_2	$y_2(t_1)\cdots y_2(t_{2j})\cdots y_2(t_{T_2})$
$\vdots$	$\vdots$
s_n	$y_n(t_1)\cdots y_n(t_{nj})\cdots y_n(t_{T_n})$

这里 $y_i(t_{ij})$ 表示第 i 个系统在时刻 t_{ij} 处的观测值。这里的观测点允许 $t_{ij} \neq t_{mj}, (i \neq m; i, m = 1, 2, \cdots, n)$ ，即各系统的观测点分布不规则的情形。表 6-2 所描述的面板数据形式更加自由，涵盖了高维数据、缺失数据和样本点不规则分布的数据类型。

当然，通过前几章的分析，函数型综合评价的函数形式可能发生在综合评价的某一个阶段，也可能是几个阶段。指标、权数可能都是离散状态，通过离散状态的集结办法得到评价结果，然后将评价结果函数化；也可能指标和权数其中至少一个为函数形式，通过连续状态的集结方法得到的评价结果为函数形式，无论何种情况，但最终都可以得到表 6-1 的形式。（评价函数的形成过程可参考图 6-1。）

二、函数型数据综合评价结果的一般排序方法

定义 6-12：对于任意的时刻 t_k $(t_k \in [t_1, t_T])$ ，若 $y_i(t_k) \geq y_j(t_k)(i \neq j)$ ，则称系统 s_i 在该时刻的运行状况优于系统 s_j 。

定义 6-13：对于任意的 $t(t \in [t_1, t_T])$ ，若都有 $y_i(t) \geq y_j(t)$ $(i \neq j)$ 成立，则称系统 s_i 在 $[t_1, t_T]$ 内的运行（或发展）状况优于系统 s_j 。

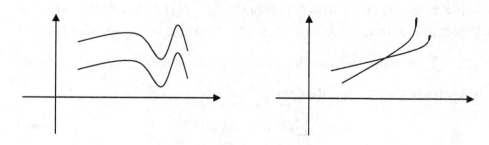

图 6-2 两个函数之间的关系

如果系统 s_i、s_j 在 $[t_1, t_T]$ 内的综合评价（函数）曲线 $y_i(t)$ 与 $y_j(t)$ 是相交的（如图所示），即若 $\exists t \in [t_1, t_T], y_i(t) = y_j(t)$，称两个函数是相交的，如图 6-2 所示。

郭亚军（2007）给出动态评价函数曲线相交时，如何去比较两个系统的整体运行水平。

（1）定义综合排序指数：

$$h_i = \int_T e^{\lambda t} y_i(t) dt, \tag{6-63}$$

权因子 λ 可事先确定，也可以通过规划问题求得，

$$\max \sum_{i=1}^{n} \left(h_i - \bar{h} \right)^2$$
$$s.t. \quad 0 < \lambda \le 1 \tag{6-64}$$

式中 $\bar{h} = \dfrac{1}{n} \sum_{i=1}^{n} h_i$，$T = [t_1, t_T]$。

上式的意义是通过权因子 λ 的作用尽量增大 $h_1, h_2, \cdots, h_n$ 之间的差异。由 h_i 值的大小，可以将系统 s_i 在 $[t_1, t_T]$ 阶段的整体运行水平进行排序，从而达到对 $s_1, s_2, \cdots, s_n$ 在 $[t_1, t_T]$ 内运行状况进行综合评价的目的。

（2）在 $[t_1, t_T]$ 内，系统 $s_1, s_2, \cdots, s_n$ 的排序也可以由

$$p_i = \mu_1 h_i + \mu_2 y_i(t_T) \quad i = 1, 2, \cdots, n; \tag{6-65}$$

来确定。式中 μ_1, μ_2 是预先给定的（$\mu_1 \ge 0, \mu_2 \ge 0, \mu_1 + \mu_2 = 1$）。

（3）评价函数基于时间加权。

由于本文研究的函数型数据下的综合评价，最终评价结果为一个函数形式。在 $[t_1, t_T]$ 内，不同的时间段对于总评价函数的重要性往往是不同的，比如最简单的分法：过去和现在。实际中我们往往更加"重视"近期

的评价结果，所以该时间段的权数相对大些，而过去的权数相对小些。一般根据需要将 $[t_1, t_T]$ 分成不同的时间段，不妨设为 N 段，每一段的权重为 $\omega^{(i)}$，$\sum_{i=1}^{N} \omega^{(i)} = 1$，$i = 1, 2, \cdots, N$。系统 $s_1, s_2, \cdots, s_n$ 的排序也可以由 $[t_1, t_T]$ 内的加权平均数来确定，具体形式如下：

$$h_j = \frac{1}{T} \sum_{i=1}^{N} \omega^{(i)} \int_{T_i} y_j(t) dt \quad j = 1, 2, \cdots, n \qquad （6-66）$$

特别地，当 $\omega^{(i)}$ 取值相同时，$h_j = \frac{1}{T} \int_{T_i} y_j(t) dt$ 为评价函数 $[t_1, t_T]$ 时间段的平均值。

三、单指标函数型主成分分析在综合评价中的应用[①]

多变量综合评价方法，或简称综合评价方法是运用多个指标对多个参评单位进行评价的方法。其基本思想是将多个指标转化为一个能够反映综合情况的指标来进行评价。所以当最终生成评价函数时（表6-1），相当于单指标的 n 个评价函数的问题，此时可以将函数主成分分析用于评价结果的排序。

（一）单指标函数主成分分析理论模型

在函数型数据情形下，每一个系统的数据都是定义在某一观测区间上的函数（即时间维无穷）。假定评价函数型数据已经过了标准化处理利用函数型数据内积定义FPCA的分析过程与传统的多维主成分分析是类似的，即寻找一系列正交特征函数 $\xi_1(t), \xi_2(t), \cdots, \xi_i(t), \cdots$ 使得主成分的方差达到最大。

$$F_i = \langle Y, \xi_i \rangle = \int Y(t) \xi_i(t) dt = \begin{bmatrix} \langle y_1, \xi_i \rangle \\ \langle y_2, \xi_i \rangle \\ \vdots \\ \langle y_n, \xi_i \rangle \end{bmatrix} = \begin{bmatrix} \int y_1(t) \xi_i(t) dt \\ \int y_2(t) \xi_i(t) dt \\ \vdots \\ \int y_n(t) \xi_i(t) dt \end{bmatrix} \qquad （6-67）$$

相应的理论模型变为：

---

① 由于函数数据综合评价的几种不同情况，不论是离散的指标，还是指标函数；离散的权数，还是权函数，每个评价对象（系统）最终的落脚点均可以得到一个评价函数。所以此时单指标函数型数据主成分方法主要是针对多个评价对象（系统）的评价函数进行主成分分析。

$$\max Var(F_i) = \frac{1}{N-1}\sum_{m=1}^{n}\langle y_m(t),\xi_i(t)\rangle^2 = \iint \xi_i(s)V(s,t)\xi_i(t)\mathrm{d}s\mathrm{d}t$$

$$s.t\begin{cases}\|\xi_i(t)\|^2 = \langle\xi_i(t),\xi_i(t)\rangle = \int\xi_i^2(t)\mathrm{d}t = 1\\ \langle\xi_i(t),\xi_k(t)\rangle = \int\xi_i(t)\xi_k(t)\mathrm{d}t = 0, for \quad i\geq 2,k<i\end{cases}\qquad(6\text{-}68)$$

上式可通过求解如下 Fredholm 函数型特征方程而得到：

$$\int V(s,t)\xi_i(t)\mathrm{d}t = \lambda_i\xi_i(s)\qquad(6\text{-}69)$$

其中，未知的协方差函数 $V(s,t)$ 可以用其样本协方差函数 $\hat{V}(s,t)$ 来代替：

$$\hat{V}(s,t) = \frac{1}{N-1}\sum_{i=1}^{N}(y_i(s)-\bar{y}(s))(y_i(t)-\bar{y}(t))\qquad(6\text{-}70)$$

Dauxois，Pousse 和 Romain（1982）已经证明了由此得到的特征值和特征函数是真实特征值和真实特征函数的一致估计的渐近结论。同时，Ramsay 和 Silverman（2005）指出，若各样本函数之间线性无关，则积分变换 $\Sigma = \int V(\cdot,t)\xi(t)dt$ 的秩为 $N-1$，即对于积分变换 Σ，最多只能提取 $N-1$ 个非零特征值。

（二）基于基函数的单指标 FPCA

Ramsay 和 Silverman（2005）已系统地提出了基于基函数的单指标 FPCA 的算法步骤，故此简单叙述其算法的内容。

同样假定函数型数据是已经过标准化处理，至少是中心化的。则在基函数的框架下，各系统的评价函数型数据及其协方差函数由基函数表示为如下形式：

$$Y(t) = c^{\mathrm{T}}\varphi(t)\qquad(6\text{-}71)$$

$$\hat{V}(s,t) = \frac{1}{N-1}\varphi(s)^{\mathrm{T}}cc^{\mathrm{T}}\varphi(t)\qquad(6\text{-}72)$$

其中 $\varphi(t)$ 为 J 维基函数系（或向量值基函数），c^{T} 为相应的 $N\times J$ 阶系数矩阵。

设第 i 个特征函数可用基函数表示为：

$$\xi_i(t) = \varphi(t)^{\mathrm{T}}b_i\qquad(6\text{-}73)$$

则 Fredholm 函数型特征方程式可改写为如下形式：

$$\int\varphi(s)^{\mathrm{T}}Cov(c)\varphi(t)\varphi(t)^{\mathrm{T}}b_i dt = \lambda_i\varphi(s)^{\mathrm{T}}b_i\qquad(6\text{-}74)$$

从而得到：

$$\varphi(s)^{\mathrm{T}}V_c W_\varphi b_i = \lambda_i\varphi(s)^{\mathrm{T}}b_i\qquad(6\text{-}75)$$

其中 V_c 为系数矩阵 c 的协方差矩阵，$W_\varphi = [\int \varphi_i(t)\varphi_j(t)dt]_{i,j=1}^J$ 为 J × J 阶实对称阵。由于式（6-74）对观测区间 $[t_1, t_T]$ 上的任意 s，皆成立，故可进一步改写为：

$$V_c W_\varphi b_i = \lambda_i b_i \qquad (6\text{-}76)$$

为满足不同特征函数之间的正交性，即：

$$\langle \xi_i, \xi_j \rangle = \int \xi_i(t)\xi_j(t)dt = \int b_i^\mathrm{T}\varphi(t)\varphi(t)^\mathrm{T}b_i dt = b_i^\mathrm{T} W_\varphi b_j = 0 \qquad (6\text{-}77)$$

设 $\tilde{b}_i = W_\varphi^{\frac{1}{2}} b_i$ 对式（6-74）稍加修改并整理为：

$$W_\varphi^{\frac{1}{2}} V_c W_\varphi^{\frac{1}{2}} \tilde{b}_i = \lambda_i \tilde{b}_i \qquad (6\text{-}78)$$

综上所述，可得 FPCA 在基函数框架下的具体算法步骤如下（以下简称为 BFPCA 算法）：

（1）计算基函数系矩阵 c，V_c 以及 W_φ，特别地，当采用标准正交基函数（如 Fourier 基函数）时，$W_\varphi = I$（单位阵），式转化为对系数矩阵 c^T 的离散 PCA 问题，整个求解问题将由此得到大大的简化；

（2）利用乔列斯基（Cholesky）分解计算 $W_\varphi^{\frac{1}{2}}$；

（3）计算实对称矩阵 $W_\varphi^{\frac{1}{2}} V_c W_\varphi^{\frac{1}{2}}$ 的特征值 λ_i 和对应的标准化特征向量 $\tilde{b}_i$；

（4）计算 $b_i = W_\phi^{-\frac{1}{2}} \tilde{b}_i$，得 $\xi_i(t) = \varphi(t)^\mathrm{T} b_i$。

（三）构造单指标 FPCA 评价函数

类似于离散的多元主成分综合评价的情形，主成分分析用于构造综合评价函数常用的思路是取第一主成分函数作为评价函数，即

$$f = F_1 = \langle Y, \xi_1 \rangle = \int Y(t)\xi_1(t)dt = \begin{bmatrix} \langle y_1, \xi_1 \rangle \\ \langle y_2, \xi_1 \rangle \\ \vdots \\ \langle y_n, \xi_1 \rangle \end{bmatrix} = \begin{bmatrix} \int y_1(t)\xi_1(t)dt \\ \int y_2(t)\xi_1(t)dt \\ \vdots \\ \int y_n(t)\xi_1(t)dt \end{bmatrix} \qquad (6\text{-}79)$$

最后根据确定的评价函数，将每一个被评价对象（或系统）的数据（标准化后）在基函数的框架下，根据 BFPCA 算法可计算相应的成分得分，从而可比较大小。

四、函数型数据的综合评价结果的函数型数据分析——以义乌小商品景气指数为例

作为综合评价的最终目的——对被评价对象或系统进行排序或分类，本章写到这里就该告一段落，但本书是基于函数型数据的综合评价，所以它的任务远没有完成。作为函数型的评价结果在实际中往往有它特殊的含义，例如义乌小商品指数，消费者物价指数（CPI）等都是函数型综合评价结果，但是对于这些综合排序指数进行的函数型数据分析（FDA），可为职能部门制订政策提供相应的理论依据显得尤为重要。

函数型数据分析的主要思想是将观测到的函数型数据看成一个整体而非个体观测值的一个集合，从而与多元数据分析大不相同。对函数型数据的进一步分析，可以分为探索性分析和实证性分析。探索性分析包括主成分分析、聚类分析、典型相关分析等，实证分析包括函数线性模型等。其中，函数型主成分分析可以研究多个函数之间的联动性变动，探索数据集中少数几种最具影响或重要的变化模式，找出代表每个曲线的典型变化模式。函数型聚类分析用来挖掘函数型数据集中潜在的类结构，将分析对象组成由类似对象组成的多个类过程，使类内的对象具有相似的某种曲线变化模式，类间的对象具有相异的某种曲线变化模式。函数型典型相关分析用来探索两组相关曲线之间变化的关联形式，并可将这种思想用于最优得分和分类问题的研究。函数型线性模型是用一个或多个变量的变化去解释另一个函数的变化模式，具体的靳刘蕊（2008）有详细的研究。本书以义乌景气指数为例进行分析，选取 2006 年 9 月—2011 年 12 月，选五类商品的景气指数，及总景气指数的数据，进行函数型数据分析。

（一）样本数据介绍

本文分析的数据是义乌商品景气指数从 2006 年 9 月—2011 年 11 月的月度时间序列数据。数据来源于义乌小商品指数网页[①]（http：//www. ywindex. com/cisweb/index. html）。数据随时间的变动情况见图 6-3。出于

---

① 该网页经过几年的发展，已经十分完善，数据采集非常容易，每年 3 月份是没有数据记录的，本文将其作为删失数据处理。

后续分析的考虑，本文对原始数据除以 1000，即处理的是义乌商品总景气指数的千分之一的数据。

景气指数亦称景气度，是反映某一特定调查群体或某一社会经济现象所处状态或发展趋势的统计指标。目前国内编制的景气指数主要有三种：

一是以经济预警为主要内容的景气指数。该指数是通过建立一个由领先指标、同步指标和滞后指标组成的经济监测指标体系，并以此为基础建立各种指数或模型来描述宏观经济的运行状况、预警经济的复苏、扩张、收缩和萧条。

二是源于企业景气调查的景气指数。该指数主要由企业家信心指数和企业景气指数两部分组成。企业家信心指数是根据企业家对企业外部市场经济环境与宏观政策的看法、判断与预期而编制的指数，用以综合反映企业家对宏观经济环境的感觉与信心；企业景气指数是根据企业家对本企业综合生产经营情况的判断与预期而编制的指数，用以综合反映企业自身的生产经营状况和发展前景。

三是旨在对社会经济现象进行综合评价的景气指数。该指数主要通过构建由若干相关指标形成的指标体系，分别计算各相关指标的综合指数，然后通过加权集成的方法计算总指数。该指数除了预警经济发展趋势外，还能全面分析被研究总体中各因素变化对总体发展状况的影响程度和方向，从动态和静态两个角度综合评价社会经济现象的运行状况和结果。

义乌商品指数体系中的景气指数是依据综合评价理论编制的，不同于一般景气指数原理。各类别景气指数与各类别分项指标指数构成一棋盘式平衡表。

景气指数有利于宏观决策部门科学把握市场需求的发展规律和变化特点，准确预期市场未来可能的发展趋势，确保经济持续稳定地健康发展。特别是在买方市场的经济格局下，景气指数能为国家产业结构调整、企业生产经营投资提供重要依据。

景气指数为行业主管部门和当地政府准确及时了解和掌握中国乃至世界小商品贸易动态，了解小商品专业市场的运行状况，制定相关行业政策和发展规划提供依据；为小商品生产者和经营者提供商情信息，从而生产适销对路的商品，选择经营品种和进货时机，保持合理库存，提高资金利用率；为市场管理者进一步提高管理水平，改善服务质量创造条件。同时，引领小商品消费时尚，指引小商品发展方向，为广大消费者提供最有参考价值的市场信息。

（二）景气指数的函数型数据分析及相平面分析

在函数型数据分析方法中，经常将研究对象的动态变化分解为水平方向的相变化和垂直方向的幅变化，这种处理函数变化的方法便于研究者进一步分析研究对象的动态变化模式，具体做法是以拟合出的匀滑函数的一阶导数为横坐标，以其二阶导数为纵坐标，绘制一阶导数和二阶导数之间的变化关系图，并称其为相平面图。有关相平面图的详细说明，见 Ramsay（2002）。

选取其中五类商品的景气指数，拟合后求出他们的一阶导数和二阶导数。如图 6-4、图 6-5 所示。从拟合效果图可以看出，曲线与数据点的拟合程度很高，反映了五类义乌小商品景气指数随时间的变化情况和重要特征。

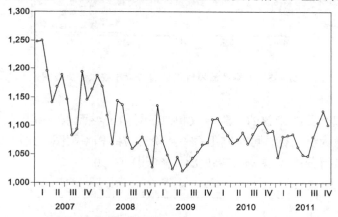

图 6-3 义乌商品景气指数走势图（2007 年 1 月—2011 年 12 月）

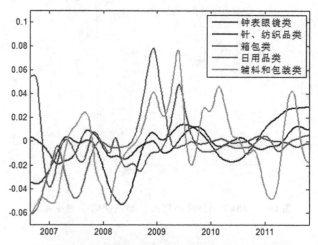

图 6-4 五类商品景气指数的一阶导数拟合函数图

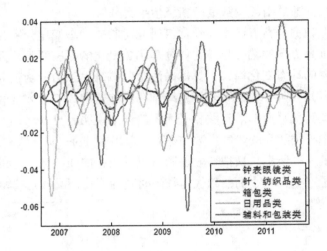

图 6-5　五类商品景气指数的二阶导数拟合函数图

求出拟合曲线函数的一阶导数和二阶导数，继而以一阶导数为横坐标，以二阶导数为纵坐标，可绘制出每一年份对应的相平面图（这里以总景气指数为例，进行分析）。具体结果见图 6-6 至图 6-10。

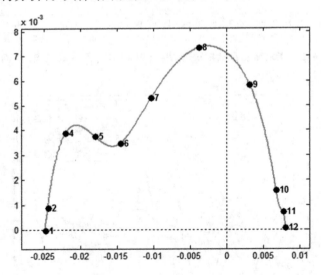

图 6-6　2007 年义乌小商品总景气指数的相平面图

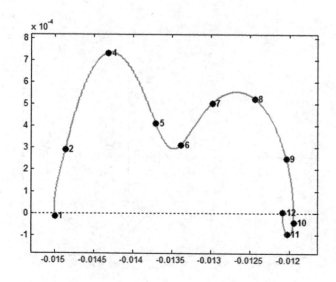

图 6-7　2008 年义乌小商品总景气指数的相平面图

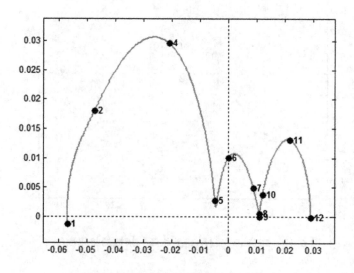

图 6-8　2009 年义乌小商品总景气指数的相平面图

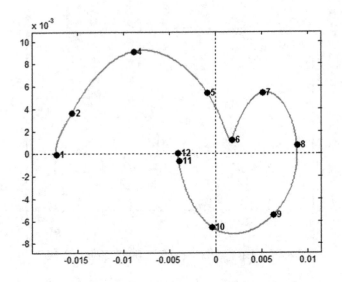

图 6-9　2010 年义乌小商品总景气指数的相平面图

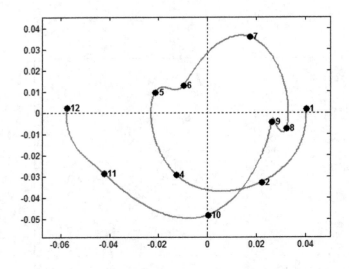

图 6-10　2011 年义乌小商品总景气指数的相平面图

从物理学的视角来看，一阶导数反映的是速度取值，表示义乌小商品总景气指数的运动情况，曲线在右半边，表示义乌小商品总景气指数为递增趋势；反之，曲线若在左半边，表示义乌小商品总景气指数为递减趋势。二阶导数反映的是加速度取值，表示义乌小商品总景气指数蓄有的能量情况。曲线若位于上半部分，则表示义乌小商品总景气指数蓄有的能量为正值；反之，缺乏能量。因此，义乌小商品总景气指数的相平面图，反映了其运行变化的速度与加速度之间的关系，同时也反映了义乌小商品总景气指数动能和势能的交替变化规律。图 6-6 至图 6-10 分别是 2007—2011 年义乌小商品总景气指数动态变化的相平面图，图中的数字 1—12 分别表示一年中的 11 个月（其中 3 月为缺失数据）。图 6-6 至图 6-10 中两条虚线的交点为绝对零点，此时表示义乌小商品总景气指数变化的速度和加速度在此点处的值均为零，此时义乌小商品总景气指数运动的能量（动能和势能）为零。越靠近绝对零点，义乌小商品总景气指数变化的速度和加速度就越小；也就是说，曲线波动的幅度和持久性都会越弱。观察图 6-8，发现相平面图由三个半圈组成。第一个半圈是从 1 月份开始，途经 2 月、3 月至 5 月上旬左右结束。由于时间基本上处于春季，将其命名为春季圈。从图上可以直观地看出，这个圈的轨道范围比较大，说明义乌小商品总景气指数在春季变化的幅度较大。最小的圈从 5 月下旬开始，经 6 月、7 月，8 月到 9 月初结束。由于时间处于夏季，称其为夏季圈。从图上可以看出，夏季圈离绝对零点相对较近，圈的轨道范围较小，这说明在这个时期，义乌小商品总景气指数的变动幅度较小，处于一个基本平稳略有波动的状态。介于最大和最小圈之间的圈开始于 9 月上旬，一直持续到 12 份，称为秋冬季圈。这个圆圈的绝大部分都处于垂直虚线的右上边区域，表明在这个时间段里，义乌小商品总景气指数总体上呈现上升趋势，且变化速度加快。综合以上分析发现，义乌小商品总景气指数在 2009 年呈现出春季、夏季、秋冬季的不同变化特征，相平面图直观显示了义乌小商品总景气指数在一年之中的动态演进过程。由于义乌小商品总景气指数在 2008 年期一直处于左半边，说明景气指数一直处于递减状态，这一年义乌商品景气度很差。从 1 月到 9 月下旬在上半边形成较大的圈，商品存量很多，9 月下旬到 12 月逐渐好转，势能有所释放。因此可以说这一年的商品景气状态不同于其他各年，金融危机对小商品市场造成了很大的影响。进一步地，观察 2011 年的相平面图（图 6-10），可以看出，2011 年义乌小商品总景气指数的相平面图由一个基本完整的圈和两个半圈构成：最大的一个圈从 1 月份开始至 7 月下旬结束，形成春季圈；第二个圈从 8 月份开始至 9 月中旬结束，形成夏季圈；最后一个圈从 10 月份开始至 12 月结束，形成秋冬季圈。这种情况说明，义乌小商品总景气指数在 2011 年的年份里也呈现出明显的季节变动，同时也说明相平面图能够很好地刻画和呈现经济时间序列的季节变动特征。

本章小结

将函数型综合评价的集成方法分为离散状态下的动态综合评价集成方法和连续状态下的综合评价集成方法两种情况，并对之进行了详细的研究。给出了空间集结算子的定义，通过探讨了空间差异测度，提出了区域差异诱导因子的概念，进而给出时空集结算子——TSOWA（或 TSOWGA）算子和 STOWA（或 STOWGA）算子的定义。对于三种常见集结方式——线性模型法、非线性模型法和理想点法在函数的状态下给出扩展研究，提出函数状态下的集结方法。研究了多元函数型主成分分析，并提出了基于重要性加权的多元函数型主成分评价方法。提出评价函数的排序方法，并将函数型主成分分析用于综合评价结果的排序中。最后对综合评价结果的分析给出自己的一些看法，并以义乌小商品景气指数为例，对综合评价结果进行函数型数据分析。

第七章　研究结论、不足及展望

第一节　本书的研究结论

函数型数据，是以函数为表现形式的一种数据，它最大的特征是数据具有函数性。在目前的数据分析和处理过程中，如果观测点十分密集，这些数据在数据空间中就会呈现出一种函数型的特征。传统的综合评价，数据都是以点值的形式来呈现的。但由于评价方法的特性，不同的方法对数据结构、评价模型均有不同的要求和规定。如何针对函数型数据形式开展综合评价活动，便成了我们要研究的重要问题。

本书的目的是将综合评价中的传统数据形式扩展为函数形式，发展基于函数信息的评价技术和方法。这种基于函数信息的评价技术有着广泛的应用领域和应用前景：一方面，从数据采集工作的实际情况看，函数形式的数据表达格式更加符合综合评价的实际情况。另一方面，综合评价反映的是一个价值判断的认识过程，因此对于一个综合评价体系而言，在许多场合给出一个函数方式表达的评价结果比提供一个点值的评价结果更令人信服、更令人易于接受。最后，基于函数型数据下的综合评价方法比传统的评价方法优势更加明显，可以更深入研究评价对象的发展规律，能更好地揭示数据的内在结构。本书的写作思路是：使用逐步式的处理方式，从综合评价的步骤出发，分别对评价数据、指标权重、集成方法在函数型数据形式下的处理问题进行研究。

主要研究结论如下：

1. 提出了函数型数据综合评价的定义，描述了评价指标的函数型数据生成过程。

对本书涉及的指标基于函数型数据分析的角度提出了四种无量纲化方法：基于标准序列法的扩展、基于全序列法的扩展、基于增量权法的扩展和基于标准化方法的扩展。并将上述四种方法在基函数形式下进行展开。最后因为实际中遇到的是离散数据，所以对数据标准化和函数化的先后顺序问题进行了讨论。

2. 详细地研究了在函数型数据综合评价问题中，当指标数据为离散状态时，指标权数的赋权方法。

首次提出权数具有"空间性"和"时空性"，并首次尝试将空间统计学的相关理论应用于空间权数的赋权中来，提出了基于空间权重矩阵的赋权法和"区域差异（重视）度"的概念，将区域差异因素纳入到了一般的指标赋权方法中，并利用规划方法求解反映"空间性"的权数，同时尝试提出一种模糊权重方法应用于求解空间权数。进一步地，将时间因素考虑进去，从动态空间权数矩阵出发，提出一种时空权数的赋权方法。将"时间度"纳入到空间权数求解体系，并求出了相应的规划方法，进而得出又一种求解时空权数的方法。

3. 详细地研究了在函数型数据综合评价问题中，当指标数据为连续状态时，即函数型数据形式下的权数获取问题。

在"纵横向"拉开档次法的基础上提出一种基于函数型指标数据下的"全局"拉开档次法。使用 Matlab 软件，利用内点算法，得出各个指标在一段时期的权数。最后对于权函数的生成给出两种具体的方法。特别针对权函数取值特点，将其进行函数变换后，找出新函数（权函数的 Logit 函数）的函数生成方法，进而得出权函数的生成方法，这也是本章的重要创新。

4. 对函数型综合评价的集成方法分为离散状态下的动态综合评价集成方法和连续状态下的综合评价集成方法两种情况，并对之进行了详细的研究。

首先，给出了空间集结算子的定义，通过探讨空间差异测度，提出了区域差异的诱导因子概念，进而给出时空集结算子——TSOWA（或 TSOWGA）算子和 STOWA（或 STOWGA）算子的定义。然后，笔者对于综合评价问题中的三种常见集结方式——线性模型法、非线性模型法和理想点法给出函数状态下的扩展研究，提出函数状态下的集结方法。接着，研究了多元函数型主成分分析，并提出了基于重要性加权的多元函数型主成分评价方法。最后，提出评价函数的排序方法，并将函数型主成分分析用于综合评价结果的排序之中。并对综合评价结果的分析给出自己的一些看法，以义乌小商品景气指数为例，对综合评价结果进行函数型数据分析。

第二节　本书的研究不足之处、研究展望

本书将函数型数据下的综合评价过程，从离散的指标取值转化为函数，基于指标函数得出权数，然后将指标函数加权得到评价函数，最后将评价函数转化为一个评价值。整个过程通过 Matlab 编程得以实现，这使得整个评价过程模式化，有利于综合评价的实践者进行具体的综合评价活动。当然，函数型数据下的综合评价问题并不局限于上述研究内容，本书只是从综合评价的基本步骤出发，做了一些基础研究，并没有将综合评价问题向纵深展开。具体如下：

第一，本书利用区域差异相关理论，找出基于经济差异和地理差异的综合测度，作为区域差异诱导因子，进而作为区域排序的依据，这里区域差异诱导因子是需要详细解读的关键问题，限于篇幅，本书没有过多探讨。

第二，连续状态下的综合评价基本集成方法的研究，本书从常用的集成模型——线性模型、非线性模型和理想点法三种方法，由动态的形式向函数型数据进行扩展研究。笔者只进行公式的推导，没有进行程序编写；如果编写成软件将会使函数型数据综合评价方法应用更加广泛。

第三，基于函数型多元统计方法的集成，本书从函数型多元统计分析方法的角度出发，直接从多元函数指标数据中"压缩"成我们需要的评价函数。这里主要讨论多元函数型主成分分析方法（MFPCA）在综合评价中的应用。首先将函数型主成分分析（FPCA）进行多元函数型主成分分析的研究，然后定义主成分得分函数（一般取第一主成分）并将其用到综合评价中，生成我们需要的评价模型。第一主成分只在几何位置分布上，是使数据离差最大的方向，但从评价本身的意义来看，并不一定是系统最重要的特征方向，所以可以考虑基于重要性加权的多元函数型主成分分析用于综合评价中，所以基于重要性加权的多元函数型主成分分析的公式推导和程序编写是该部分进一步研究的问题。

第四，综合评价的最终目的是排序或分类，所以多元函数型聚类分析可以用于函数型数据下的综合评价的集成，多元聚类分析在动态综合评价鲜少有人研究，这对于本书是一个巨大的挑战。从公式的推导、程序编写、以及聚类结果的综合评价解读都是未来需要解决的问题。

第五，函数型数据经过多年的发展，逐渐渗透到各个领域的科学研究

中，例如，模糊数据被看成函数型数据，SVM 用于函数型数据的分类研究等，这些对于综合评价的研究也提出了新的挑战，所以项目组拟尝试将新的思想逐步渗透到综合评价的研究之中。新的思想如何融入函数型数据下的综合评价问题中，是未来需要解决的问题。

第六，综合评价结果（评价函数）的分析。函数型的评价结果在实际中往往有它特殊的含义，例如义乌小商品指数、消费者物价指数（CPI）等都是函数型综合评价结果，对于这些综合排序指数进行的函数型数据分析（FDA），可为职能部门制订政策提供相应的理论依据。

函数型数据分析的主要思想是将观测到的函数型数据看成一个整体而非个体观测值的一个集合，从而与多元数据分析大不相同。函数型数据的进一步分析可以分为探索性分析和实证性分析。探索性分析包括主成分分析、聚类分析、典型相关分析等，实证分析包括函数线性模型等。作为综合评价的结果——评价函数的函数型数据分析，成为最终项目研究的关键所在。

参考文献

［1］郭亚军. 综合评价理论、方法及研究 [M]. 北京：科学出版社，2007.

［2］郭亚军，潘德惠. 一类决策问题的新算法 [J]. 决策与决策支持系统，1992（3）：56–62.

［3］郭亚军. 动态综合评价的二次加权法 [J]. 东北大学学报（自然科学版），1995（5）：547–550.

［4］郭亚军. 一种新的动态综合评价方法 [J]. 管理科学学报，2002（2）：49–54.

［5］严明义. 函数性数据的统计分析：思想、方法和应用 [J]. 统计研究，2007（2）：87–94.

［6］严明义. 生活质量的综合评价——基于数据函数型特征的方法 [J]. 统计信息与论坛，2007（3）：13–17.

［7］严明义. 经济数据分析：一种基于数据的函数型视角的分析方法 [J]. 当代经济科学，2007.1：105–113.

［8］岳敏，朱建平. 基于函数型主成分的中国股市波动研究 [J]. 统计信息与论坛，2009（3）：52–56.

［9］姚远. 动态综合评价的若干问题研究 [D]. 沈阳：东北大学，2007.

［10］岳敏，朱建平. 基于函数型主成分的中国股市波动研究 [J]. 统计与信息论坛，2009（3）：52–56.

［11］曾玉钰，翁金钟. 函数型数据聚类分析探析 [J]. 统计与信息论坛，2007（9）：10–14.

［12］朱建平，靳刘蕊. 基于模型参数基函数展开的函数回归及其应用 [J]. 商业经济与管理，2009（2）：81–85.

［13］朱建平，陈民恳. 面板数据的聚类分析及其应用 [J]. 统计研究，2007（4）：11–14.

［14］朱建平，李治国，陈彩云. 数据挖掘中的一种新的预测模型——基函数拟合预测及其在股市中的应用 [J]. 系统工程理论与实践，2003（9）：35–40.

［15］朱建平，徐俊伟，乐燕波．函数数据挖掘及其在中国消费函数分析中的应用 [J]．统计与信息论坛，2008（3）：9-14.

［16］茆诗松，王静龙，濮晓龙．高等数理统计 [M]．北京：高等教育出版社，1998.

［17］靳刘蕊．函数性数据分析方法及应用研究 [D]．厦门：厦门大学，2008.

［18］任若恩，王惠文．多元统计数据分析——理论、方法、实例 [M]．北京：国防工业出版社，1997.

［19］苏为华．多指标综合评价理论与方法研究 [M]．北京：中国物价出版社，2001.

［20］苏为华，陈钰芬，陈骥．社会经济和谐发展度综合评价体系研究——基于主客观双重系统的实证分析 [M]．杭州：浙江工商大学出版社，2009.

［21］苏为华．基于双向分层嵌套式数据的综合评价问题研究 [J]．商业经济与管理，2008（12）：50-57.

［22］苏为华，陈骥．综合评价的扩展思路 [J]．统计研究，2006（2）：32-37.

［23］胡宇．函数型数据分析方法研究及其应用 [D]．长春：东北师范大学，2011.

［24］王宗军．综合评价的方法、问题及其研究趋势 [J]．管理科学学报，1998，1（1）：73-79.

［25］徐佳．函数型数据分析及其在证券投资中的应用 [D]．杭州：浙江大学，2008.

［26］段瑞飞．数据挖掘中的聚类方法及其应用——基于统计学视角事物研究 [D]．厦门：厦门大学，2008.

［27］毛娟．隐含波动率的函数型数据分析 [D]．武汉：武汉理工大学，2008.

［28］边旭，田厚平，郭亚军．具有激励特征的供应商动态评价方法 [J]．南开管理评论，2004（5）：87-90.

［29］陈华友，盛昭瀚．一类基于 IOWGA 算子的组合预测新方法 [J]．管理工程学报，2005（4）：36-39.

［30］陈秀山，徐瑛．中国区域差异影响因素的实证分析 [J]．中国社会科学，2004（5）：117-129.

［31］陈强，周景泰．高校智力资本运作效率的数据包络分析 [J]．上海管理科学，2004（5）：40-42.

［32］陈衍泰，等.综合评价方法分类及研究进展[J].管理科学学报，2004（4）：69–79.

［33］杜栋，等.现代综合评价方法与案例精选[M].北京：清华大学出版社，2008.

［34］樊华，陶学禹.大学智力资本集聚及管理研究[J].科学学与科学技术管理，2005（1）：114–117.

［35］樊治平，肖四汉.有时序多指标决策的理想矩阵法[J].系统工程，1993（1）：11–18.

［36］郭亚军，潘德惠.一类决策问题的新算法[J].决策与决策支持系统，1992（3）：56–62.

［37］金菊良，魏一鸣.复杂系统广义智能评价方法与应用[M].北京：科学教育出版社，2008.

［38］刘慧.区域差异测度方法与评价[J].地理研究，2006（7）：710–718.

［39］李婧，谭清美，白俊红.中国区域创新生产的空间计量分析——基于静态与动态空间面板模型的实证研究[J].管理世界，2010（7）：43–54.

［40］李国胜，郭兆成.自然地理格局对区域发展时空分异影响的评价方法[J].地理研究，2007（1）：1–10.

［41］李序颖，顾岚.空间自回归模型及其估计[J].统计研究，2004（6）：48–51.

［42］梁进社，孔健.基尼系数和变差系数对区域不平衡性度量的差异[J].北京师范大学学报（自然科学版），1998（3）：409–413.

［43］刘旭东.区域时空信息与时空过程模型的 GIS 表达[D].济南：山东师范大学，2002.

［44］王小明.高校智力资本评价模型与实证研究[J].清华大学教育研究，2005（5）：81–86.

［45］王明涛.多指标综合评价中权系数确定的一种综合分析方法[J].系统工程，1999（2）：56–61.

［46］徐彬.空间权重矩阵对 Moran's I 指数影响的模拟分析[D].南京：南京师范大学，2007.

［47］许月卿，贾秀丽.近 20 年来中国区域经济发展差异的测定与评价[J].经济地理，2005（5）：600–603.

［48］杨益民.有时序多指标决策的满意度矩阵法[J].预测，1997（1）：71–72.

［49］张嘉为，陈曦，汪寿阳.新的空间权重矩阵及其在中国省域对外贸易中的应用[J].系统工程理论与实践，2009（11）：84–92.

［50］张芮，赵丽，杨洪焦. 区域经济差异测量方法综述 [J]. 统计与决策，2008（4）：50-52.

［51］张尧庭. 空间统计学简介 [J]. 统计教育，1996（1）：35-40.

［52］周玉翠，齐清文，冯灿飞. 近 10 年中国省际经济差异动态变化特征 [J]. 地理研究，2002（6）：781-790.

［53］朱建军，等. 一种新的求解区间数判断矩阵权重的方法 [J]. 系统工程理论与实践，2005（4）：29-34.

［54］杜栋，等. 现代综合评价方法与案例精选 [M]. 北京：清华大学出版社，2008.

［55］杨淑莹，等. 模式识别与智能计算——Matlab 技术实现 [M]. 北京：电子工业出版社，2008.

［56］钟嘉鸣，等. 粗糙集与层次分析法集成的综合评价模型 [J]. 武汉大学学报（工学版），2008（8）：126-130.

［57］李远远. 基于粗糙集的指标体系构建及综合评价方法研究 [D]. 武汉：武汉理工大学，2009.

［58］姚爽. 不完全信息下的综合评价方法研究 [D]. 沈阳：东北大学，2009.

［59］庄赟. 大学综合评价的统计研究 [D]. 厦门：厦门大学，2008.

［60］邱东. 多指标综合评价的系统分析 [M]. 北京：中国统计出版社，1991.

［61］秦寿康. 综合评价原理与应用 [M]. 北京：电子工业出版社，2003.

［62］任若恩，王惠文. 多元统计数据分析——理论、方法、实例 [M]. 北京：国防工业出版社，1997.

［63］胡永宏，贺思辉. 综合评价方法 [M]. 北京：科学出版社，2000.

［64］王璐. 上市公司经营业绩的时序多指标综合评价 [J]. 数理统计与管理，2005，24（2）：84-87.

［65］杨华峰，汪静. 中国十省市区域循环经济发展动态综合评价实证研究 [J]. 工业技术经济，2009，28（2）：113-117.

［66］丛树海，周炜，王宁. 公共支出绩效评价指标体系的构建 [J]. 财贸经济，2005,（3）：37-42.

［67］吴俊培. 财政支出效益评价问题研究 [J]. 财政研究，2003,（1）：15-17.

［68］Anselin L. Spatial Econometrics[M]. Oxford: Basil Blackwell, 2000.

［69］Ash P B, Gardner M N. Topics in stochastic processes[M]. New York: Academic Press, 1975.

[70] Barra V. Analysis of gene expression data using functional principal components[J]. Computer Methods and Programms in Biomedicine, 2004, 75: 1–9.

[71] Besse P, Ramsay J O. Principal components analysis of sampled functions[J]. Psychometrika, 1986, 51: 285–311.

[72] Bontis N. National intellectual capital index: A united nations initiative for the arab region[J]. Journal of Intellectual Capital, 2004, 5: 13–39.

[73] Brockwell P J, Davis R A. Time series: theory and methods[M]. Springer Series in Statistics, Second eds. Springer, New York, 1998.

[74] Brumback B, Rice J A. Smoothing spline models for the analysis of nested and crossed samples of curves (with discussion) [J]. Journal of the American Statistical Association, 1998, 93: 961–994.

[75] Bosq D. Modelization, nonparametric estimation and prediction for continuous time processes[J]. Nata Asi C, 2000, 335: 509–529.

[76] Caery V J, Yong F H, Frenkel L M, McKinney R M. Growth velocity assessment in paediatric AIDS: smoothing, penalized quantile regression and the definition of growth failure[J]. Statistics in Medicine, 2004, 23: 509–526.

[77] Cardot H. Nonparametric estimation of smoothed principal components analysis of sampled noisy functions[J]. Journal of Nonparametric Statisties, 2000, 12: 502–538.

[78] Carrdot H. Conditional functional principal components analysis[J]. Scandinavian Journal of Statistics, 2007, 34: 317–335.

[79] Chiclana F. Herrera f., Herrera–Viedma E. . Integerating multiplicative preference relations in a multipurpose decision–making model based on fuzzy preference relations [J]. Fuzzy Sets and Systems. 2001, 122: 277–291.

[80] Cole T J. Fitting smoothed centile curves to reference data[J]. Journal of the Royal Statistical Society A, 1988. 151: 385–418.

[81] Cole T J, Green P J. Smoothing reference centile curves: The LMS method and penalized 1ikelihood[J]. Statistics in Medicine, 1992, 11: 130–1319.

[82] Cuevas A, Febrero M, Fraiman R. An anova test for functional data[J] Computational Statistics and Data Analysis, 2004, 47: 111–122.

[83] Daniel J, Levitin Regina L, Nuzzo Bradley W, et al. Introduction to Functional Data Analysis[J]. Canadian Psychology, 2007, 48: 135–155.

［84］Dauxois J, Pousse A, Romain Y. Asyptotic theory for the principal component analysis of vector and random function: some applications to statistical inference[J]. Journal of Multivariate Analysis, 1982, 12: 136–154.

［85］Diggle P, Liang K, Zeger S. Analysis of longitudinal data[M]. Oxford U. K.: Oxford University Press, 1995.

［86］Escabias M., Aguilcar A M, Valderrama M J. Principal component estimation of functional logistic regression: discussion of two different approaches[J]. Nonparametric statistics, 2004, 16: 365–384.

［87］Faraway J J. Regression analysis for a functional response [J]. Technometrics, 1997, 39: 254–262.

［88］Fang Yao, Hans–Georg Muller, Jane–Ling Wang. Functional data analysis for sparse longitudinal data[J]. Journal of the American Statistical Association, 2005, 1: 577–590.

［89］F F, V P Curves discrimination: a nonparametric functional approach[J]. Computational Statistics & Data Analysis, 2003, 44: 161–173.

［90］Fabrice R, Nathalie V. Support vector machine for functional data classification[J]. Neurocomputing, 2006, 69: 730–742.

［91］Fine J. Asymptotic study of canonical correlation analysis: from matrix and analytic approach to operator and tensor approach[J]. SORT, 2003, 27: 165–174.

［92］He Guozhong, Müller Hans–Georg, Wang Jane–Ling. Methods of canonical analysis for functional data[J]. Journal of Statistical Planning and Inference, 2004, 122: 141–159.

［93］Hubert M, Rousseeuw P J, Branden K V. ROBPCA: A new approach tp robust principal component analysis[J]. Technometries, 2005, 47: 64–79.

［94］Laukaitis A, Rackauskas A. Functional data analysis of payment systems[J]. Nonlinear Analysis: Modeling and Control, 2002, 7: 53–68.

［95］E M, A A M, V M J. Functional PLS logit regression model[J]. Computational Statistics & Data Analysis, 2007, 51: 4891–4902.

［96］Ramsay J O, Dalzell C J. Some tools for functionaldata analysis（with discussion）[J]. Journal of the Royal Statistical Society Series B, 1991, 53: 539–572.

［97］Ramsay J O, Silverman B W. Functional data analysis[M]. Berlin: Springe-Verlag, 1997.

［98］Ramsay J O, Silverman B W. Applied kunctional data analysis[M]. New York: Springer, 2002.

［99］Ramsay J O. When the data are functions[J]. Psychometrika, 1982, 47: 379–396.

［100］Ramsay J O, Silverman B W. 函数型数据分析 [M]. 2 版 . 北京 : 科学出版社 , 2006.

［101］Ramsay J O, Silverman B W. Functional data analysis[J]. International Encyclo–pedia of the Social & Behavioral Sciences, 2004: 5822–5828.

［102］Ramsay J O, Wang X, Flanagan R. A functional data analysis of the pinch force of human fingers[J]. Applied Statistics, 1995, 44: 17–30.

［103］Rice J A, Silverman B W. Estimating the mean and covariance structure nonparametrically when the data are curves[J]. Journal of the Royal Statistical Society, Series B, 1991, 53: 233–243.

［104］Silverman B W. Incorporating parametric effects into functional principal components analysis[J]. Journal of the Royal Statistical Society, Series B, 1995, 57: 673–690.

［105］Wang X. Combining the generalized linear model and spline smoothing to analyze examination data[D]. McGill University, Unpuplished master's thesis, Montreal Quebec, Canada, 1993.

［106］Wenceslao Gonz á lez Manteiga, Philippe Vieu. Statistics for functional data[J]. Computational Statistics & Data Analysis, 2007, 51: 4788–4792.

［107］Yager R R. Induced ordered weight–averaging operators[J]. IEEE Trans on Systems, Man, and Cybernetics, 1999, 29: 141–150.

［108］Yager R R. On ordered weight averaging aggregation operators in multi–criteria decision making[J]. IEEE Trans on Systems, Man, and Cybernetics, 1988, 18: 183–190.

附录

附录 1　部分数据样本形式

月度	股票简称	换手率	回报率	Beta 系数	振幅
200101	深发展 A	0.04998400000000	0.03167378027136	0.81125500000000	1.35000000000000
200102	深发展 A	0.02615000000000	-0.05942023150651	0.81125500000000	1.30000000000000
200103	深发展 A	0.26213700000000	0.15116071509886	0.81125500000000	3.00000000000000
200104	深发展 A	0.12154700000000	-0.04255006623107	0.81125500000000	1.63000000000000
200105	深发展 A	0.07708200000000	0.04313521779415	0.81125500000000	1.25000000000000
200106	深发展 A	0.06295000000000	-0.05494805515084	0.81125500000000	1.43000000000000
200107	深发展 A	0.04872500000000	-0.08557430161417	0.81125500000000	2.45000000000000
200108	深发展 A	0.03730000000000	-0.09214988805022	0.81125500000000	1.72000000000000
200109	深发展 A	0.03459800000000	0.00313768489809	0.81125500000000	1.15000000000000
200110	深发展 A	0.09887800000000	0.08312862214665	0.81125500000000	2.60000000000000
200111	深发展 A	0.04002800000000	-0.02825148208228	0.81125500000000	1.65000000000000
200112	深发展 A	0.03792300000000	-0.08719491009470	0.81125500000000	1.66000000000000
200201	深发展 A	0.05204200000000	-0.14041764284165	1.18954500000000	2.85000000000000
200202	深发展 A	0.02959700000000	-0.03609127142919	1.18954500000000	0.90000000000000
200203	深发展 A	0.13011800000000	0.08668995661899	1.18954500000000	2.10000000000000
200204	深发展 A	0.05967500000000	0.04260106904087	1.18954500000000	1.43000000000000
200205	深发展 A	0.05970400000000	-0.02957487236946	1.18954500000000	1.13000000000000
200206	深发展 A	0.32828100000000	0.34407319440462	1.18954500000000	4.58000000000000
200207	深发展 A	0.28594300000000	0.01062140434576	1.18954500000000	1.60000000000000
200208	深发展 A	0.18618300000000	0.02597107201293	1.18954500000000	1.29000000000000
200209	深发展 A	0.12309200000000	-0.10585330350964	1.18954500000000	2.26000000000000
200210	深发展 A	0.06945200000000	-0.05955704362287	1.18954500000000	1.14000000000000
200211	深发展 A	0.13803300000000	-0.06564525583355	1.18954500000000	2.53000000000000
200212	深发展 A	0.08922000000000	-0.13306904322383	1.18954500000000	1.89000000000000
200301	深发展 A	0.17607800000000	0.10866270573113	1.30150200000000	1.89000000000000
200302	深发展 A	0.05922900000000	-0.03096081572412	1.30150200000000	0.79000000000000
200303	深发展 A	0.10561000000000	0.04613114311671	1.30150200000000	1.17000000000000
200304	深发展 A	0.43249600000000	0.05427200533493	1.30150200000000	2.30000000000000
200305	深发展 A	0.16761800000000	0.00964858050572	1.30150200000000	1.38000000000000
200306	深发展 A	0.08085900000000	-0.11634602239644	1.30150200000000	1.53000000000000
200307	深发展 A	0.07283100000000	-0.04329130006452	1.30150200000000	1.16000000000000

月度	股票简称	换手率	回报率	Beta 系数	振幅
200308	深发展 A	0.05525500000000	-0.02639910210232	1.30150200000000	1.06000000000000
200309	深发展 A	0.06450900000000	-0.09762098097113	1.30150200000000	1.52000000000000
200310	深发展 A	0.05050200000000	-0.11232974952746	1.30150200000000	1.50000000000000
200311	深发展 A	0.09575500000000	0.02947375966045	1.30150200000000	1.37000000000000
200312	深发展 A	0.12087800000000	0.01549958896200	1.30150200000000	0.90000000000000
200401	深发展 A	0.11753700000000	0.09047523199876	0.83873100000000	1.18000000000000
200402	深发展 A	0.29546000000000	0.11637047738936	0.83873100000000	2.04000000000000
200403	深发展 A	0.25480700000000	0.02894570422626	0.83873100000000	1.35000000000000
200404	深发展 A	0.13172100000000	-0.12477357985257	0.83873100000000	1.88000000000000
200405	深发展 A	0.04255900000000	0.03107380217868	0.83873100000000	1.09000000000000
200406	深发展 A	0.06791800000000	-0.10603777541323	0.83873100000000	1.66000000000000
200407	深发展 A	0.04023300000000	-0.05698659746101	0.83873100000000	0.80000000000000
200408	深发展 A	0.03092800000000	0.00615213677673	0.83873100000000	0.39000000000000
200409	深发展 A	0.09980300000000	-0.00000970477562	0.83873100000000	1.38000000000000
200410	深发展 A	0.08002700000000	-0.12133079304110	0.83873100000000	1.89000000000000
200411	深发展 A	0.06452300000000	-0.01674707206723	0.83873100000000	0.71000000000000
200412	深发展 A	0.03987900000000	-0.06525654002053	0.83873100000000	0.69000000000000
200501	深发展 A	0.04091000000000	-0.08043426699261	1.08243900000000	0.80000000000000
200502	深发展 A	0.04777700000000	0.06929988912458	1.08243900000000	0.71000000000000
200503	深发展 A	0.05730200000000	-0.19599353675904	1.08243900000000	1.45000000000000
200504	深发展 A	0.28940500000000	0.19001007249154	1.08243900000000	2.27000000000000
200505	深发展 A	0.08984500000000	-0.03065333727747	1.08243900000000	0.64000000000000
200506	深发展 A	0.15638700000000	-0.01332043319497	1.08243900000000	1.23000000000000
200507	深发展 A	0.08347300000000	-0.00001124670419	1.08243900000000	0.73000000000000
200508	深发展 A	0.16155600000000	0.05057910634089	1.08243900000000	0.67000000000000
200509	深发展 A	0.12276000000000	-0.07544872198039	1.08243900000000	0.69000000000000
200510	深发展 A	0.08218200000000	-0.00868278943476	1.08243900000000	1.07000000000000
200511	深发展 A	0.06219700000000	0.02275561097257	1.08243900000000	0.39000000000000
200512	深发展 A	0.10759400000000	0.05136021961660	1.08243900000000	0.67000000000000
200601	深发展 A	0.12399128480000	0.03419415021094	0.87304800000000	0.45000000000000
200602	深发展 A	0.20896772680000	0.07716102062091	0.87304800000000	0.97000000000000
200603	深发展 A	0.17243533600000	-0.06872117344203	0.87304800000000	0.74000000000000
200604	深发展 A	0.33649128750000	0.23703624204643	0.87304800000000	1.81000000000000
200605	深发展 A	0.37505144540000	0.11420415500405	0.87304800000000	1.33000000000000
200606	深发展 A	0.25027711040000	-0.13895732508965	0.87304800000000	1.10000000000000

月度	股票简称	换手率	回报率	Beta 系数	振幅
200607	深发展 A	0.14938861650000	-0.11111711542809	0.87304800000000	1.54000000000000
200608	深发展 A	0.10385756510000	0.07588098744539	0.87304800000000	0.84000000000000
200609	深发展 A	0.20280194350000	0.12861885767201	0.87304800000000	1.25000000000000
200610	S 深发展 A	0.29074732640000	0.17033397636846	0.87304800000000	1.95000000000000
200611	S 深发展 A	0.51848478690000	0.32459283750212	0.87304800000000	4.08000000000000
200612	S 深发展 A	0.53232923170000	0.14386323610057	0.87304800000000	2.47000000000000
200701	S 深发展 A	0.72319474560000	0.32203329278672	0.83460500000000	7.98000000000000
200702	S 深发展 A	0.35554047270000	-0.00418859759999	0.83460500000000	4.74000000000000
200703	S 深发展 A	0.42989083500000	-0.00893284673705	0.83460500000000	3.60000000000000
200704	S 深发展 A	0.47384929680000	0.37445463398261	0.83460500000000	7.00000000000000
200705	S 深发展 A	0.29993598430000	0.10558435722561	0.83460500000000	4.59000000000000
200706	深发展 A	0.33562882930000	-0.04078374613914	0.83460500000000	9.36000000000000
200707	深发展 A	0.41598930760000	0.31648216934971	0.83460500000000	11.26000000000000
200708	深发展 A	0.42112999170000	0.04884304093255	0.83460500000000	6.48000000000000
200709	深发展 A	0.25119013670000	0.05209533811462	0.83460500000000	5.73000000000000
200710	深发展 A	0.25226997950000	0.20184387860439	0.83460500000000	10.70000000000000
200711	深发展 A	0.23034553880000	-0.24912403914593	0.83460500000000	15.38000000000000
200712	深发展 A	0.27432040870000	0.06983333670377	0.83460500000000	5.13000000000000
200801	深发展 A	0.29086047510000	-0.13731490312692	1.02896600000000	11.69000000000000
200802	深发展 A	0.14835957570000	-0.00451048176162	1.02896600000000	7.72000000000000
200803	深发展 A	0.37857379430000	-0.14932812255918	1.02896600000000	9.08000000000000
200804	深发展 A	0.30878452470000	0.05034581504506	1.02896600000000	8.85000000000000
200805	深发展 A	0.19657994300000	-0.14821804142004	1.02896600000000	5.96000000000000
200806	深发展 A	0.18224611510000	-0.23385433098128	1.02896600000000	7.08000000000000
200807	深发展 A	0.15774815660000	0.07603427292976	1.02896600000000	4.36000000000000
200808	深发展 A	0.09047910610000	-0.02885382926253	1.02896600000000	3.62000000000000
200809	深发展 A	0.15376974970000	-0.25792885897008	1.02896600000000	7.70000000000000
200810	深发展 A	0.24216741830000	-0.27189075201316	1.02896600000000	6.48000000000000
200811	深发展 A	0.34994645430000	0.07406316474730	1.02896600000000	3.35000000000000
200812	深发展 A	0.44282150120000	0.05449528864455	1.02896600000000	2.54000000000000
200901	深发展 A	0.36234062550000	0.22783964282618	0.88944600000000	3.32000000000000
200902	深发展 A	0.39466562080000	0.18555535592526	0.88944600000000	4.47000000000000
200903	深发展 A	0.41344995450000	0.15506031173712	0.88944600000000	3.67000000000000
200904	深发展 A	0.28309662630000	0.02382711588781	0.88944600000000	2.24000000000000
200905	深发展 A	0.20324690250000	0.09312918554532	0.88944600000000	2.94000000000000

月度	股票简称	换手率	回报率	Beta 系数	振幅
200906	深发展 A	0.38525877620000	0.22308600293437	0.88944600000000	4.88000000000000
200907	深发展 A	0.41951237580000	0.19980797967416	0.88944600000000	4.62000000000000
200908	深发展 A	0.31526882760000	-0.30520243330146	0.88944600000000	7.83000000000000
200909	深发展 A	0.24191537410000	0.10004534098123	0.88944600000000	4.01000000000000
200910	深发展 A	0.14193217530000	0.12342997601114	0.88944600000000	2.89000000000000
200911	深发展 A	0.25886655620000	0.07916786402215	0.88944600000000	4.93000000000000
200912	深发展 A	0.22067678890000	0.01837953956831	0.88944600000000	3.52000000000000

附录 2 部分数据样本形式

指数类别	期数	规模指数	效益指数	市场信心指数
日用品类	2006/9/1	942.1	1052.9	1106.2
日用品类	2006/10/1	907.1	1742.1	1122.9
日用品类	2006/11/1	842.4	1657.7	1112.7
日用品类	2006/12/1	814.8	1646.4	1127.2
日用品类	2007/1/1	839.7	1684.5	1242.2
日用品类	2007/2/1	661.3	1571.9	1243.9
日用品类	2007/4/1	805.9	1624.6	1236.1
日用品类	2007/5/1	799.1	1564	1217.5
日用品类	2007/6/1	726.6	1551.9	1175.5
日用品类	2007/7/1	671.3	1549.1	1167.1
日用品类	2007/8/1	618	1530.5	1135.8
日用品类	2007/9/1	555.9	1505.5	1171
日用品类	2007/10/1	542.6	1435.5	1117
日用品类	2007/11/1	525.9	1530.8	1163.8
日用品类	2007/12/1	539.6	1436.8	1171.9
日用品类	2008/1/1	548.6	1322.9	1153.9
日用品类	2008/2/1	532.9	1305.9	1159.8
日用品类	2008/4/1	517.2	1716.3	1139.6
日用品类	2008/5/1	511.5	2263.2	1142.2
日用品类	2008/6/1	516.5	2197.5	1119.6
日用品类	2008/7/1	513.2	2139.8	1135.1
日用品类	2008/8/1	519.8	1758.2	1123.5
日用品类	2008/9/1	509.8	1347.9	1120.2
日用品类	2008/10/1	514.3	1340.9	1127.9
日用品类	2008/11/1	515.6	1430.8	1133.1
日用品类	2008/12/1	551	1043.7	1134.5
日用品类	2009/1/1	882.7	1400.6	935.8
日用品类	2009/2/1	684.7	1388.9	924.1
日用品类	2009/4/1	821.3	1406.1	967.5
日用品类	2009/5/1	751.6	1401.6	971.7
日用品类	2009/6/1	719.6	1428.5	938.6

指数类别	期数	规模指数	效益指数	市场信心指数
日用品类	2009/7/1	788.4	1348.4	964.1
日用品类	2009/8/1	772.2	1428.9	970.5
日用品类	2009/9/1	758.4	1463.7	974.6
日用品类	2009/10/1	809.3	1572.3	966.7
日用品类	2009/11/1	762.8	1549.7	956.4
日用品类	2009/12/1	766.6	1595.9	935.6
日用品类	2010/1/1	766	1640.8	952
日用品类	2010/2/1	762.8	1613.4	940.6
日用品类	2010/4/1	778.1	1556.4	915.4
日用品类	2010/5/1	788.2	1706.8	941.3
日用品类	2010/6/1	790.4	1726.3	940.6
日用品类	2010/7/1	771.8	1729.8	959.7
日用品类	2010/8/1	759.3	1566.7	959.1
日用品类	2010/9/1	755	1727.8	972.1
日用品类	2010/10/1	735.4	1602.4	968.7
日用品类	2010/11/1	729.9	1615.5	990.4
日用品类	2010/12/1	735.5	1582.3	1020.7
日用品类	2011/1/1	731.1	1601.4	980
日用品类	2011/2/1	752.7	1726.3	1026.3
日用品类	2011/4/1	761.5	1696.2	941.3
日用品类	2011/5/1	741.54	1238.46	1016.97
日用品类	2011/6/1	736.34	1353.97	1026.57
日用品类	2011/7/1	749.82	1489.71	1016.53
日用品类	2011/8/1	761.31	1521.97	1025.61
日用品类	2011/9/1	745.66	1467.32	1043.1
日用品类	2011/10/1	746.96	1511.99	1017.9
日用品类	2011/11/1	760.95	1633.73	1004.93
日用品类	2011/12/1	753.95	1586.29	1026.43
日用品类	2012/1/1	775.71	1576.21	1012.35
服装服饰类	2006/9/1	2044.8	1376.6	1563.6
服装服饰类	2006/10/1	2269.7	1563.7	1409.5
服装服饰类	2006/11/1	1953.2	1574.7	1467.2
服装服饰类	2006/12/1	2036.7	1611.5	1476.3
服装服饰类	2007/1/1	2301.6	1651.4	1479.5
服装服饰类	2007/2/1	2302.1	1693.5	1474.8

指数类别	期数	规模指数	效益指数	市场信心指数
服装服饰类	2007/4/1	1602.9	1312.3	1558.7
服装服饰类	2007/5/1	1806.5	1260.5	1589
服装服饰类	2007/6/1	1931.5	1364.3	1582.4
服装服饰类	2007/7/1	1810.2	1337.4	1551
服装服饰类	2007/8/1	1637.7	1215.1	1416.3
服装服饰类	2007/9/1	1690.2	1246	1446.2
服装服饰类	2007/10/1	1826.8	1512.5	1596.5
服装服饰类	2007/11/1	1855.9	1326.6	1478.2
服装服饰类	2007/12/1	2004.4	1374.3	1468.1
服装服饰类	2008/1/1	2039.7	1382.1	1510.7
服装服饰类	2008/2/1	2081.6	1304.5	1485.3
服装服饰类	2008/4/1	1306	1173.8	1506.6
服装服饰类	2008/5/1	1707.2	1051.7	1490.2
服装服饰类	2008/6/1	1810.2	1010	1517.4
服装服饰类	2008/7/1	1451.9	974	1460.9
服装服饰类	2008/8/1	1511	901.3	1448.5
服装服饰类	2008/9/1	1490.6	944.9	1477.1
服装服饰类	2008/10/1	1539.4	922.1	1497.7
服装服饰类	2008/11/1	1454.3	914.6	1472.1
服装服饰类	2008/12/1	1055.2	912.3	1362.1
服装服饰类	2009/1/1	1556.9	1449.8	1142
服装服饰类	2009/2/1	1250.3	1456	1141.5
服装服饰类	2009/4/1	926.2	1398.9	1100.1
服装服饰类	2009/5/1	1043.8	1434.4	1096.7
服装服饰类	2009/6/1	989.2	1359.5	1128.3
服装服饰类	2009/7/1	1054.9	1218.1	1132.9
服装服饰类	2009/8/1	903.8	1193.7	1184.3
服装服饰类	2009/9/1	865.8	1135.4	1213.5
服装服饰类	2009/10/1	877.6	1203.8	1234.5
服装服饰类	2009/11/1	976.9	1197.5	1242.7
服装服饰类	2009/12/1	978.5	1445.2	1187.9
服装服饰类	2010/1/1	937.4	1452.5	1174.7
服装服饰类	2010/2/1	848.6	1264.7	1217.2
服装服饰类	2010/4/1	791.4	1223.4	1254.2
服装服饰类	2010/5/1	769.5	1209.2	1229.9

续　表

指数类别	期数	规模指数	效益指数	市场信心指数
服装服饰类	2010/6/1	760.2	1204.5	1244.2
服装服饰类	2010/7/1	756.5	1173	1247.6
服装服饰类	2010/8/1	809.3	1240.3	1251
服装服饰类	2010/9/1	784.4	1219.5	1259.7
服装服饰类	2010/10/1	865.8	1279.3	1272.9
服装服饰类	2010/11/1	843.9	1273.2	1282
服装服饰类	2010/12/1	825.6	1294.2	1242
服装服饰类	2011/1/1	788.5	1202.6	1220.3
服装服饰类	2011/2/1	874.9	1287.3	1344.3
服装服饰类	2011/4/1	904.3	1283.6	1389.5
服装服饰类	2011/5/1	888.48	1436.12	1003.76
服装服饰类	2011/6/1	882.53	1245.39	1008
服装服饰类	2011/7/1	824.16	1299.02	1008.3
服装服饰类	2011/8/1	851.97	1341.06	1007.85
服装服饰类	2011/9/1	860.65	1414.21	1007.53
服装服饰类	2011/10/1	870.03	1375.5	1006.51
服装服饰类	2011/11/1	887.71	1395.59	1007.08
服装服饰类	2011/11/1	887.71	1395.59	1007.08
服装服饰类	2011/12/1	847.8	1117.03	1005.2
工艺品类	2006/9/1	1154.6	1192.6	1354.1
工艺品类	2006/10/1	942.8	1327.1	1414.8
工艺品类	2006/11/1	980.1	1087.8	1450.9
工艺品类	2006/12/1	887.9	1171.1	1452.8
工艺品类	2007/1/1	872.1	1316.1	1358.4
工艺品类	2007/2/1	824.2	1200.9	1368.4
工艺品类	2007/4/1	655.8	1150.4	1286.6
工艺品类	2007/5/1	897.5	1148.6	1248.5
工艺品类	2007/6/1	896.2	1430.5	1299.3
工艺品类	2007/7/1	725.9	1333.3	1279.5
工艺品类	2007/8/1	721.2	1144.2	1182
工艺品类	2007/9/1	636.3	1256.1	1315.9
工艺品类	2007/10/1	579.2	1174.6	1312.7
工艺品类	2007/11/1	567.3	1108.5	1164.2
工艺品类	2007/12/1	600.2	1133.5	1166.7
工艺品类	2008/1/1	590	1076.4	1210.5

指数类别	期数	规模指数	效益指数	市场信心指数
工艺品类	2008/2/1	578.3	1170.6	1131.2
工艺品类	2008/4/1	642.2	1227.6	1105.6
工艺品类	2008/5/1	803	1219.7	1105.1
工艺品类	2008/6/1	721.1	1132.8	1068.4
工艺品类	2008/7/1	588.3	1124	980.8
工艺品类	2008/8/1	606.4	1281.9	991.1
工艺品类	2008/9/1	626.9	1236.8	1039.7
工艺品类	2008/10/1	700.3	1135.5	1044.6
工艺品类	2008/11/1	585.7	1012.1	1051.6
工艺品类	2008/12/1	583.1	922.9	1140.8
工艺品类	2009/1/1	596.4	1202.3	1017.5
工艺品类	2009/2/1	583.8	1136.4	1010.9
工艺品类	2009/4/1	606.7	1143.1	1136.1
工艺品类	2009/5/1	622.8	1166.3	1127.8
工艺品类	2009/6/1	588.8	1021.3	1093.2
工艺品类	2009/7/1	995.5	1210.9	1038.4
工艺品类	2009/8/1	1065.7	1377.8	951.2
工艺品类	2009/9/1	1124.8	1516	1015.1
工艺品类	2009/10/1	993.6	1524	1006.7
工艺品类	2009/11/1	932.8	1214.5	1059.1
工艺品类	2009/12/1	948.8	1617	1123.1
工艺品类	2010/1/1	1083.4	1821	1031.7
工艺品类	2010/2/1	1012.3	1663	1071.8
工艺品类	2010/4/1	1002.9	1754.3	1189.1
工艺品类	2010/5/1	1125.7	1767	1058.9
工艺品类	2010/6/1	1090.1	1909.7	1258.6
工艺品类	2010/7/1	982	1736.8	1072.5
工艺品类	2010/8/1	1131.1	1781.6	1261.3
工艺品类	2010/9/1	1107.7	1745.6	1120.1
工艺品类	2010/10/1	1032	1730.5	1180
工艺品类	2010/11/1	1055.1	1741.1	1263.8
工艺品类	2010/12/1	1124.1	1780.5	1303.3
工艺品类	2011/1/1	998.1	1675.4	1205.9
工艺品类	2011/2/1	1006.2	1641	1241.6
工艺品类	2011/4/1	1005.6	1540.4	1122.3

续 表

指数类别	期数	规模指数	效益指数	市场信心指数
工艺品类	2011/5/1	1100.58	1551	1060.53
工艺品类	2011/6/1	1061.72	1330.42	1031.48
工艺品类	2011/7/1	1157.38	1441.31	1072.45
工艺品类	2011/8/1	1109.82	1513.97	1015.85
工艺品类	2011/9/1	1083.14	1584.68	1037.64
工艺品类	2011/10/1	1069.61	1579.33	1031.24
工艺品类	2011/11/1	1065.6	1630.55	1026.11
工艺品类	2011/12/1	1062.94	1571.87	1021.62
工艺品类	2012/1/1	1041.15	1457.23	1020.01
电子电器类	2006/9/1	986.9	1141.3	1231.5
电子电器类	2006/10/1	1207.4	1391	1300.5
电子电器类	2006/11/1	1155.3	1375.8	1280.8
电子电器类	2006/12/1	1035.9	1181.1	1259.9
电子电器类	2007/1/1	999.4	1335.1	1246.6
电子电器类	2007/2/1	970.6	1133.4	1301.9
电子电器类	2007/4/1	889.7	1314.8	1221.3
电子电器类	2007/5/1	863.7	1370.3	1293.4
电子电器类	2007/6/1	792.9	1367.3	1274
电子电器类	2007/7/1	812.2	1389.3	1277
电子电器类	2007/8/1	780	1321.8	1229.5
电子电器类	2007/9/1	721.2	1315.4	1298
电子电器类	2007/10/1	703.9	1410.5	1331.2
电子电器类	2007/11/1	705.6	1384.1	1260.3
电子电器类	2007/12/1	694.8	1387	1256.9
电子电器类	2008/1/1	750.6	1394.1	1274.2
电子电器类	2008/2/1	717.2	1460.2	1254.1
电子电器类	2008/4/1	683.2	1351.1	1224.5
电子电器类	2008/5/1	687.6	1349.7	1227.2
电子电器类	2008/6/1	672.8	1265.1	1225.3
电子电器类	2008/7/1	694.7	1253	1224.4
电子电器类	2008/8/1	620.8	1237.3	1198.8
电子电器类	2008/9/1	542	1190.8	1152.3
电子电器类	2008/10/1	529	1114.9	1159.5
电子电器类	2008/11/1	531.1	1007.8	1154.1
电子电器类	2008/12/1	528.8	970.1	1189.6

指数类别	期数	规模指数	效益指数	市场信心指数
电子电器类	2009/1/1	526.7	873.8	1163
电子电器类	2009/2/1	502.6	834.8	1174
电子电器类	2009/4/1	535	893.6	1174.5
电子电器类	2009/5/1	503.2	808.9	1154.8
电子电器类	2009/6/1	499.7	783.3	1124.8
电子电器类	2009/7/1	788.9	998.2	978.4
电子电器类	2009/8/1	912	1179.2	977.5
电子电器类	2009/9/1	951.3	1311.4	1005
电子电器类	2009/10/1	939.3	1204.4	958.2
电子电器类	2009/11/1	930.1	1115.6	1017.1
电子电器类	2009/12/1	925.4	1142	1020.4
电子电器类	2010/1/1	929	992.4	1006
电子电器类	2010/2/1	939.6	1220.8	955.8
电子电器类	2010/4/1	1102.3	1330.6	981.2
电子电器类	2010/5/1	1176.2	1409	925.1
电子电器类	2010/6/1	1182.4	1434.8	963
电子电器类	2010/7/1	1166.9	1513.1	954.3
电子电器类	2010/8/1	1160.7	1438.2	947.6
电子电器类	2010/9/1	1139.4	1458.3	995.1
电子电器类	2010/10/1	1147.6	1428.7	986.7
电子电器类	2010/11/1	1110.2	1475	1006.2
电子电器类	2010/12/1	1100.3	1384	972.3
电子电器类	2011/1/1	1051.4	1265.8	983.5
电子电器类	2011/2/1	1061.2	1263.9	950.3
电子电器类	2011/4/1	1188.1	1357.3	895
电子电器类	2011/5/1	1142.38	1880.07	1040.56
电子电器类	2011/6/1	1194.42	1974.05	1044.48
电子电器类	2011/7/1	1135	2007.66	1029.18
电子电器类	2011/8/1	1087.05	1757.72	1033.03
电子电器类	2011/9/1	1201.56	1661.18	1032.81
电子电器类	2011/10/1	1147.58	1802.47	1028.88
电子电器类	2011/11/1	1128.17	1878.82	1036.71
电子电器类	2011/12/1	1062.76	1925.43	1014.18
电子电器类	2012/1/1	1041.86	1740.23	1014.99

附录3　部分数据样本形式

日期	2006/9/1	2006/10/1	2006/11/1	2006/12/1	2007/1/1	2007/2/1
总景气指数	1148.2	1118.9	1083.9	1052.9	1040.4	999.7
工艺品类景气指数	1257.3	948.9	974.6	873.8	820.2	785.1
首饰类	1261.3	1124.8	961.1	857.9	790.5	824.3
玩具类	1091.3	1012.8	874.5	934.9	1038.1	771.3
五金及电料类	1049.4	837.6	880.0	804.7	620.7	595.2
电子电器类	1014.5	1266.9	1167.3	1011.6	988.4	983.1
钟表眼镜类	1210.2	1250.4	1220.9	1221.3	1247.8	1249.7
文化办公用品类	704.2	682.7	894.0	775.2	635.1	637.4
体育娱乐用品类	1067.6	909.3	842.6	906.9	895.5	827.2
服装服饰类	2058.6	2189.0	1813.6	1931.0	2273.6	2241.4
鞋类	718.9	850.5	739.7	959.3	861.1	724.1
针、纺织品类	1195.6	1510.5	1074.7	1173.9	1122.1	1149.9
箱包类	674.7	675.2	839.9	799.0	728.2	695.7
护理及美容用品类	610.8	699.0	866.1	917.6	892.3	565.0
日用品类	982.4	921.7	834.8	781.5	820.1	627.2
辅料和包装类	1003.2	918.4	873.8	845.1	786.5	754.2
日期	2007/4/1	2007/5/1	2007/6/1	2007/7/1	2007/8/1	2007/9/1
总景气指数	848.7	914.8	922.2	849.5	801.8	822.8
工艺品类景气指数	655.7	991.9	904.2	720.8	745.3	650.2
首饰类	780.9	764.8	772.4	682.3	670.6	674.0
玩具类	572.6	756.6	590.4	518.9	520.7	516.6
五金及电料类	611.6	640.1	636.1	620.8	597.2	558.8
电子电器类	891.3	849.5	759.3	779.8	745.4	692.9
钟表眼镜类	1141.0	1167.8	1188.4	1146.0	1082.3	1093.1
文化办公用品类	572.0	591.4	595.1	535.9	545.9	525.3
体育娱乐用品类	831.8	768.5	642.5	622.7	635.0	624.3
服装服饰类	1647.4	1832.1	1915.5	1753.2	1559.1	1765.9
鞋类	622.8	714.5	721.1	633.8	583.9	526.0
针、纺织品类	731.3	1199.9	1275.5	1246.9	1115.0	910.1
箱包类	676.4	691.7	689.3	692.2	678.9	656.4
护理及美容用品类	704.0	644.2	650.1	567.7	515.3	536.8
日用品类	825.6	798.1	702.2	676.7	606.9	537.8
辅料和包装类	658.5	632.5	661.1	679.9	661.5	680.0

续 表

日期	2007/10/1	2007/11/1	2007/12/1	2008/1/1	2008/2/1	2008/4/1
总景气指数	843.4	853.6	870.7	888.3	886.6	736.7
工艺品类景气指数	590.6	583.6	623.5	613.4	595.9	631.7
首饰类	646.4	638.1	624.1	630.6	624.3	691.3
玩具类	512.5	509.9	516.2	528.0	524.6	503.2
五金及电料类	547.2	547.6	551.7	562.9	558.5	567.9
电子电器类	692.9	677.2	676.5	744.6	703.9	696.3
钟表眼镜类	1193.8	1145.4	1163.2	1187.0	1168.4	1067.0
文化办公用品类	502.1	501.0	502.5	501.3	504.1	504.9
体育娱乐用品类	562.1	559.8	547.4	544.4	559.2	550.8
服装服饰类	1936.7	1947.8	2084.4	2126.4	2154.0	1448.4
鞋类	503.6	518.8	504.2	556.2	546.0	502.4
针、纺织品类	1039.4	1114.1	1176.6	1214.9	1275.4	834.2
箱包类	616.1	654.3	663.3	655.7	669.4	580.7
护理及美容用品类	522.7	518.9	519.7	526.1	524.8	513.8
日用品类	538.8	523.8	537.0	552.7	535.1	520.0
辅料和包装类	708.0	809.0	643.7	705.4	634.1	506.6
日期	2008/5/1	2008/6/1	2008/7/1	2008/8/1	2008/9/1	2008/10/1
总景气指数	989.5	982.0	861.4	881.2	873.6	891.8
工艺品类景气指数	806.3	718.2	589.5	623.1	643.3	737.5
首饰类	748.0	650.6	714.4	655.5	687.3	684.5
玩具类	585.3	578.1	507.2	535.4	534.1	527.4
五金及电料类	690.9	649.1	644.5	631.2	630.8	626.4
电子电器类	717.1	682.8	719.7	636.9	544.0	531.5
钟表眼镜类	1143.7	1136.6	1078.3	1058.9	1068.9	1079.3
文化办公用品类	522.4	523.8	506.2	508.1	503.4	504.8
体育娱乐用品类	591.2	532.8	535.8	579.4	567.6	583.4
服装服饰类	1837.4	1922.1	1531.7	1639.0	1625.8	1678.3
鞋类	650.2	609.5	695.1	683.0	667.1	572.1
针、纺织品类	1177.4	922.5	817.0	679.7	638.4	702.5
箱包类	692.3	631.9	594.5	587.6	591.9	532.6
护理及美容用品类	593.7	572.9	580.9	646.5	544.1	561.5
日用品类	512.7	522.5	516.6	523.4	511.0	517.2
辅料和包装类	566.8	518.3	515.1	512.7	510.7	511.9

续　表

日期	2008/11/1	2008/12/1	2009/1/1	2009/2/1	2009/4/1	2009/5/1
总景气指数	830.8	698.7	909.2	778.6	700.0	739.1
工艺品类景气指数	602.6	591.9	599.5	570.5	600.9	623.6
首饰类	676.3	669.8	643.9	599.9	751.6	747.0
玩具类	508.6	607.1	514.0	507.9	613.2	537.3
五金及电料类	592.4	599.9	600.7	554.5	551.1	545.7
电子电器类	536.9	531.0	527.6	501.5	537.6	500.6
钟表眼镜类	1057.6	1026.6	1135.2	1072.8	1023.3	1044.2
文化办公用品类	501.5	503.9	504.6	501.5	503.8	500.2
体育娱乐用品类	563.2	567.7	530.0	519.3	597.9	631.2
服装服饰类	1502.7	1012.2	1672.9	1319.1	953.3	1094.2
鞋类	572.1	750.2	1416.3	1251.2	1236.8	1130.5
针、纺织品类	731.8	812.8	1234.8	719.4	684.9	769.2
箱包类	518.3	524.8	510.6	500.0	500.0	502.5
护理及美容用品类	572.9	555.4	538.3	517.8	557.6	646.7
日用品类	517.2	563.6	908.8	719.9	875.5	797.2
辅料和包装类	510.9	543.0	657.3	638.4	656.3	661.2
日期	2009/6/1	2009/7/1	2009/8/1	2009/9/1	2009/10/1	2009/11/1
总景气指数	701.5	886.6	840.3	837.2	840.4	835.9
工艺品类景气指数	583.1	1029.7	1100.7	1177.4	1035.1	963.6
首饰类	642.5	888.2	906.9	890.9	893.7	875.8
玩具类	574.3	767.9	763.5	762.5	757.6	756.8
五金及电料类	539.0	819.5	980.8	985.6	948.2	925.9
电子电器类	500.4	806.3	945.7	982.8	965.2	965.4
钟表眼镜类	1019.8	1030.7	1042.5	1053.1	1065.7	1069.7
文化办公用品类	500.6	743.5	780.1	824.5	790.5	781.3
体育娱乐用品类	572.7	776.9	810.0	865.8	878.5	883.9
服装服饰类	1024.7	1153.6	919.7	921.4	933.3	965.1
鞋类	1219.8	1038.6	951.6	849.9	856.2	852.9
针、纺织品类	718.4	893.3	868.6	848.1	859.8	902.4
箱包类	500.3	627.1	627.5	629.5	629.3	629.0
护理及美容用品类	553.2	817.3	904.2	926.2	995.2	935.1
日用品类	763.2	808.0	790.8	773.3	839.8	782.9
辅料和包装类	640.3	976.3	855.0	816.4	777.8	784.1

日期	2009/12/1	2010/1/1	2010/2/1	2010/4/1	2010/5/1	2010/6/1
总景气指数	871.1	856.2	838.1	817.2	815.0	810.4
工艺品类景气指数	977.1	1137.3	1058.7	1048.6	1213.6	1142.9
首饰类	886.1	876.8	877.1	895.4	883.9	873.2
玩具类	757.0	757.4	756.4	750.9	751.7	751.6
五金及电料类	974.2	919.3	970.9	1002.3	927.4	945.2
电子电器类	965.4	965.8	975.5	1182.4	1281.2	1296.2
钟表眼镜类	1110.7	1112.9	1095.8	1068.4	1074.7	1087.2
文化办公用品类	792.9	767.2	807.2	776.9	799.1	779.2
体育娱乐用品类	960.8	903.2	936.5	1032.4	1131.6	978.7
服装服饰类	1071.8	1016.8	904.3	835.5	804.1	794.2
鞋类	931.7	924.5	1021.2	873.6	880.4	929.2
针、纺织品类	863.0	919.3	974.8	838.9	841.2	825.7
箱包类	629.3	629.0	628.1	629.6	637.1	632.8
护理及美容用品类	935.7	896.4	860.4	798.8	873.1	827.7
日用品类	774.7	774.9	764.6	746.4	757.7	763.6
辅料和包装类	914.6	870.1	849.0	993.3	1001.1	1024.9
日期	2010/7/1	2010/8/1	2010/9/1	2010/10/1	2010/11/1	2010/12/1
总景气指数	798.3	825.1	822.1	834.8	822.3	822.3
工艺品类景气指数	1016.0	1209.1	1175.8	1087.8	1125.4	1197.9
首饰类	874.9	894.3	895.2	898.1	900.1	901.9
玩具类	759.3	753.1	757.6	752.6	755.0	749.9
五金及电料类	901.6	1001.9	934.5	908.8	861.8	903.0
电子电器类	1274.2	1257.0	1226.6	1224.3	1195.1	1184.4
钟表眼镜类	1067.6	1084.3	1100.6	1105.2	1087.8	1090.2
文化办公用品类	776.6	803.2	904.6	885.0	868.9	839.8
体育娱乐用品类	1065.8	981.3	953.1	854.5	914.8	943.5
服装服饰类	791.6	858.8	828.1	931.6	1104.2	1091.1
鞋类	876.8	803.7	839.2	849.3	793.2	811.1
针、纺织品类	834.3	793.5	781.4	777.0	737.7	752.5
箱包类	630.5	631.4	631.4	629.9	630.0	641.2
护理及美容用品类	823.2	797.8	850.5	910.8	886.3	825.0
日用品类	747.1	734.0	748.3	726.6	723.9	721.5
辅料和包装类	972.4	1042.3	1017.8	969.1	986.6	1008.3

续　表

日期	2011/1/1	2011/2/1	2011/4/1	2011/5/1	2011/6/1	2011/7/1
总景气指数	797.8	826.7	848.1	812.6	811.9	807.5
工艺品类景气指数	1050.9	1056.1	1063.6	1136.9	1100.2	1116.7
首饰类	891.1	874.6	946.0	965.0	901.7	893.7
玩具类	757.2	762.2	758.1	755.3	756.2	766.8
五金及电料类	848.6	840.3	847.2	830.7	882.7	888.3
电子电器类	1106.9	1106.7	1255.9	1220.3	1280.6	1196.9
钟表眼镜类	1043.9	1080.2	1084.5	1061.7	1048.1	1046.5
文化办公用品类	778.3	765.9	777.3	766.0	766.4	795.8
体育娱乐用品类	1043.0	975.3	1026.2	933.8	861.1	871.1
服装服饰类	1042.2	1139.4	1163.7	1087.4	1029.0	1021.9
鞋类	811.2	770.2	778.6	711.9	762.0	792.7
针、纺织品类	750.4	836.3	878.4	783.9	816.3	933.9
箱包类	642.2	642.1	642.9	643.0	643.0	643.0
护理及美容用品类	880.5	823.0	858.5	816.0	925.8	926.3
日用品类	719.3	756.6	771.7	709.4	703.3	718.3
辅料和包装类	952.9	901.7	879.4	777.2	787.4	833.5
日期	2011/8/1	2011/9/1	2011/10/1	2011/11/1		
总景气指数	823.1	830.4	830.5	832.7		
工艺品类景气指数	1148.0	1123.0	1124.9	1152.8		
首饰类	901.9	920.1	909.1	904.4		
玩具类	766.3	755.0	754.1	749.8		
五金及电料类	865.5	879.4	880.9	855.6		
电子电器类	1129.7	1240.1	1180.6	1163.2		
钟表眼镜类	1079.3	1104.6	1125.7	1101.0		
文化办公用品类	814.1	808.2	807.6	766.5		
体育娱乐用品类	984.4	1040.6	998.5	1021.4		
服装服饰类	1045.5	1070.8	1062.6	1075.9		
鞋类	785.8	873.9	907.0	792.6		
针、纺织品类	938.5	971.2	926.4	1030.4		
箱包类	643.2	630.9	631.4	631.3		
护理及美容用品类	904.1	866.2	893.0	875.0		
日用品类	733.8	716.2	726.0	736.6		
辅料和包装类	896.1	969.4	891.3	879.5